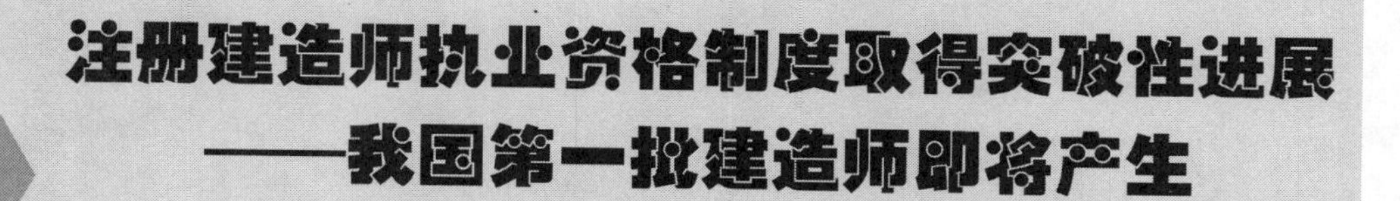

注册建造师执业资格制度取得突破性进展——我国第一批建造师即将产生

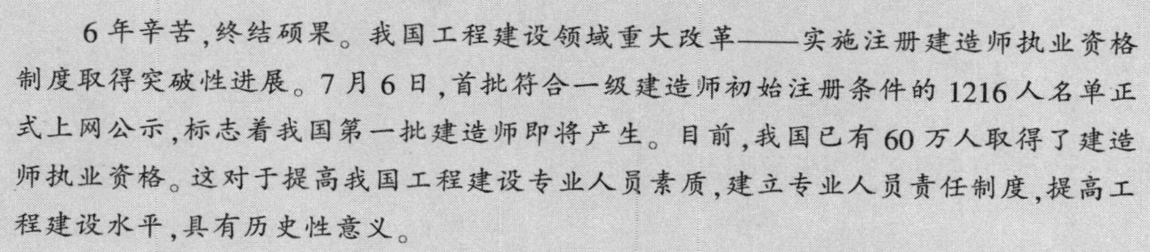

6年辛苦，终结硕果。我国工程建设领域重大改革——实施注册建造师执业资格制度取得突破性进展。7月6日，首批符合一级建造师初始注册条件的1216人名单正式上网公示，标志着我国第一批建造师即将产生。目前，我国已有60万人取得了建造师执业资格。这对于提高我国工程建设专业人员素质，建立专业人员责任制度，提高工程建设水平，具有历史性意义。

为了加快与国际市场接轨，提升我国开拓国际承包市场的能力，提高我国工程项目经理的素质和管理水平，实现项目经理的职业化、社会化、专业化，提高工程建设的质量安全和效益水平，进一步规范建筑市场，建设部自1994年开始研究建立注册建造师（营造师）制度。根据《中华人民共和国建筑法》的要求，2002年12月5日，人事部、建设部联合发出通知，提出实行注册建造师执业资格制度，要求建造师通过考试取得执业资格。自此，拉开了这一工程建设制度历史性改革的序幕。这是一项规模巨大的系统工程。在建造师执业资格制度建立过程中，全国共有1000个单位的1000多名专家学者参与了此项制度的研究和相关工作。目前全国取得建造师资格的人员达60万人，其中取得一级建造师执业资格的人员为23万人，取得二级建造师资格的人员为37万人。

6年来，建设部会同铁道部、水利部、交通部、信息产业部、民航总局等有关部委及相关行业协会、部分大型施工企业，密切合作，共同努力，推动这一工作顺利进行。为了规范建造师的注册、执业、继续教育，以及对注册建造师的监督管理等行为，先后颁布了《注册建造师管理规定》（建设部令第153号）、《关于印发〈一级建造师注册实施办法〉的通知》（建市[2007]101号）、《关于印发〈注册建造师执业工程规模标准〉（试行）的通知》（建市[2007]171号），先后起草了《注册建造师执业管理办法》、《注册建造师施工管理签章文件目录》和《注册建造师信用档案管理办法》（征求意见稿）、《建造师继续教育管理办法》（征求意见稿），正向社会广泛征求意见和建议。建造师制度系列文件的相继出台，标志着我国注册建造师执业资格制度科学体系的全面确立，将推动我国建造师制度的科学、健康发展。

作为国内权威的建造师交流平台，《建造师》6传承《建造师》系列丛书的一贯宗旨及风格，重点仍是根据建造师的定位，围绕其注册及执业内容展开。

本书“政策法规”栏目记录了近期有关建造师的最新政策信息；配合中国建筑业企业“走出去”的大战略，本书刊载了商务部、外交部联合召开的“全国对外经济合作安全工作电视电话工作会议”的主要精神，分析我国对外安全事件的主要缘因，提出相应对策措施，提请广大建筑业企业及建造师特别关注；本书“海外巡览”及“案例分析”栏目介绍了印度、中东建筑市场的相关信息。独到地对我某企业在国外不成功的承包案例做解剖分析，并作点评；“工程实践”栏目中提供了大量一线建造师的工作实践结晶，供同行借鉴交流。

本书力求较丰富的作者面，以体现本系列丛书贴近建筑业企业、贴近建造师的特色。

图书在版编目(CIP)数据

建造师 6/《建造师》编委会编. — 北京：中国建筑工业出版社，2007
ISBN 978-7-112-09507-0

Ⅰ.建... Ⅱ.建... Ⅲ.建造师—资格考核—自学参考资料 Ⅳ.TU

中国版本图书馆 CIP 数据核字(2007)第116196号

主　　编：李春敏
特邀编辑：杨智慧　魏智成　白　俊　董子华

《建造师》编辑部
地址：北京百万庄中国建筑工业出版社
邮编：100037
电话：(010)68339774
传真：(010)68339774
E-mail：jzs_bjb@126.com
68339774@163.com

建造师 6
《建造师》编委会　编
*
中国建筑工业出版社出版、发行(北京西郊百万庄)
各地新华书店、建筑书店经销
北京朗曼新彩图文设计有限公司排版
世界知识印刷厂印刷
*
开本：787×1092毫米　1/16　印张：7½　字数：250千字
2007年8月第一版　2007年8月第一次印刷
定价：**15.00**元

ISBN 978-7-112-09507-0
(16171)

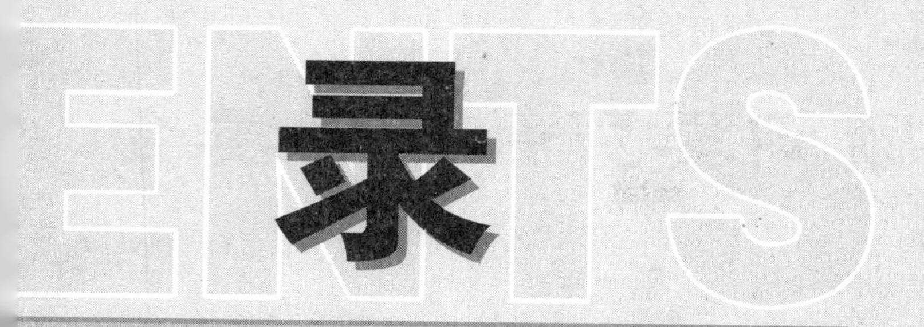

工程法律

企业家论坛

工程实践

建造师论坛

建造师书苑

信息博览

本社书籍可通过以下联系方法购买：
本社地址：北京西郊百万庄
邮政编码：100037
发行部电话：(010)58934816
传真：(010)68344279
邮购咨询电话：
(010)88369855 或 88369877

《建造师》顾问委员会及编委会

建筑业企业资质管理规定

中华人民共和国建设部令第159号

建设部部长　汪光焘

《建筑业企业资质管理规定》已于2006年12月30日经建设部第114次常务会议讨论通过，现予发布，自2007年9月1日起施行。

二〇〇七年六月二十六日

第一章　总则

第一条　为了加强对建筑活动的监督管理，维护公共利益和建筑市场秩序，保证建设工程质量安全，根据《中华人民共和国建筑法》、《中华人民共和国行政许可法》、《建设工程质量管理条例》、《建设工程安全生产管理条例》等法律、行政法规，制定本规定。

第二条　在中华人民共和国境内申请建筑业企业资质，实施对建筑业企业资质监督管理，适用本规定。

本规定所称建筑业企业，是指从事土木工程、建筑工程、线路管道设备安装工程、装修工程的新建、扩建、改建等活动的企业。

第三条　建筑业企业应当按照其拥有的注册资本、专业技术人员、技术装备和已完成的建筑工程业绩等条件申请资质，经审查合格，取得建筑业企业资质证书后，方可在资质许可的范围内从事建筑施工活动。

第四条　国务院建设主管部门负责全国建筑业企业资质的统一监督管理。国务院铁路、交通、水利、信息产业、民航等有关部门配合国务院建设主管部门实施相关资质类别建筑业企业资质的管理工作。省、自治区、直辖市人民政府建设主管部门负责本行政区域内建筑业企业资质的统一监督管理。省、自治区、直辖市人民政府交通、水利、信息产业等有关部门配合同级建设主管部门实施本行政区域内相关资质类别建筑业企业资质的管理工作。

第二章　资质序列、类别和等级

第五条　建筑业企业资质分为施工总承包、专业承包和劳务分包三个序列。

第六条　取得施工总承包资质的企业（以下简称施工总承包企业），可以承接施工总承包工程。施工总承包企业可以对所承接的施工总承包工程内各专业工程全部自行施工，也可以将专业工程或劳务作业依法分包给具有相应资质的专业承包企业或劳务分包企业。

取得专业承包资质的企业（以下简称专业承包企业），可以承接施工总承包企业分包的专业工程和建设单位依法发包的专业工程。专业承包企业可以对所承接的专业工程全部自行施工，也可以将劳务作业依法分包给具有相应资质的劳务分包企业。

取得劳务分包资质的企业（以下简称劳务分包企业），可以承接施工总承包企业或专业承包企业分包的劳务作业。

第七条　施工总承包资质、专业承包资质、劳务分包资质序列按照工程性质和技术特点分别划分为若干资质类别。各资质类别按照规定的条件划分为若干资质等级。

第八条　建筑业企业资质等级标准和各类别等级资质企业承担工程的具体范围，由国务院建设主管部门会同国务院有关部门制定。

第三章　资质许可

第九条　下列建筑业企业资质的许可，由国务院建设主管部门实施：

(一)施工总承包序列特级资质、一级资质；

(二)国务院国有资产管理部门直接监管的企业及其下属一层级的企业的施工总承包二级资质、三级资质；

(三)水利、交通、信息产业方面的专业承包序列一级资质；

(四)铁路、民航方面的专业承包序列一级、二级资质；

(五) 公路交通工程专业承包不分等级资质、城市轨道交通专业承包不分等级资质。

申请前款所列资质的，应当向企业工商注册所在地省、自治区、直辖市人民政府建设主管部门提出申请。其中,国务院国有资产管理部门直接监管的企业及其下属一层级的企业，应当由国务院国有资产管理部门直接监管的企业向国务院建设主管部门提出申请。

省、自治区、直辖市人民政府建设主管部门应当自受理申请之日起20日内初审完毕并将初审意见和申请材料报国务院建设主管部门。

国务院建设主管部门应当自省、自治区、直辖市人民政府建设主管部门受理申请材料之日起60日内完成审查,公示审查意见,公示时间为10日。其中,涉及铁路、交通、水利、信息产业、民航等方面的建筑业企业资质，由国务院建设主管部门送国务院有关部门审核，国务院有关部门在20日内审核完毕,并将审核意见送国务院建设主管部门。

第十条　下列建筑业企业资质许可，由企业工商注册所在地省、自治区、直辖市人民政府建设主管部门实施：

(一)施工总承包序列二级资质(不含国务院国有资产管理部门直接监管的企业及其下属一层级的企业的施工总承包序列二级资质)；

(二)专业承包序列一级资质(不含铁路、交通、水利、信息产业、民航方面的专业承包序列一级资质)；

(三)专业承包序列二级资质(不含民航、铁路方面的专业承包序列二级资质)；

(四)专业承包序列不分等级资质(不含公路交通工程专业承包序列和城市轨道交通专业承包序列的不分等级资质)。

前款规定的建筑业企业资质许可的实施程序由省、自治区、直辖市人民政府建设主管部门依法确定。

省、自治区、直辖市人民政府建设主管部门应当自作出决定之日起30日内,将准予资质许可的决定报国务院建设主管部门备案。

第十一条　下列建筑业企业资质许可,由企业工商注册所在地设区的市人民政府建设主管部门实施：

(一)施工总承包序列三级资质(不含国务院国有资产管理部门直接监管的企业及其下属一层级的企业的施工总承包三级资质)；

(二)专业承包序列三级资质；

(三)劳务分包序列资质；

(四) 燃气燃烧器具安装、维修企业资质。前款规定的建筑业企业资质许可的实施程序由省、自治区、直辖市人民政府建设主管部门依法确定。

企业工商注册所在地设区的市人民政府建设主管部门应当自作出决定之日起30日内,将准予资质许可的决定通过省、自治区、直辖市人民政府建设主管部门,报国务院建设主管部门备案。

第十二条　建筑业企业资质证书分为正本和副本,正本一份,副本若干份,由国务院建设主管部门统一印制,正、副本具备同等法律效力。资质证书有效期为5年。

第十三条　建筑业企业可以申请一项或多项建筑业企业资质;申请多项建筑业企业资质的,应当选择等级最高的一项资质为企业主项资质。

第十四条　首次申请或者增项申请建筑业企业资质,应当提交以下材料：

(一)建筑业企业资质申请表及相应的电子文档；

(二)企业法人营业执照副本；

(三)企业章程；

(四)企业负责人和技术、财务负责人的身份证明、职称证书、任职文件及相关资质标准要求提供的材料；

(五)建筑业企业资质申请表中所列注册执业人员的身份证明、注册执业证书;

(六)建筑业企业资质标准要求的非注册的专业技术人员的职称证书、身份证明及养老保险凭证;

(七)部分资质标准要求企业必须具备的特殊专业技术人员的职称证书、身份证明及养老保险凭证;

(八) 建筑业企业资质标准要求的企业设备、厂房的相应证明;

(九)建筑业企业安全生产条件有关材料;

(十)资质标准要求的其他有关材料。

第十五条 建筑业企业申请资质升级的，应当提交以下材料:

(一)本规定第十四条第(一)、(二)、(四)、(五)、(六)、(八)、(十)项所列资料;

(二)企业原资质证书副本复印件;

(三)企业年度财务、统计报表;

(四)企业安全生产许可证副本;

(五)满足资质标准要求的企业工程业绩的相关证明材料。

第十六条 资质有效期届满，企业需要延续资质证书有效期的,应当在资质证书有效期届满60日前,申请办理资质延续手续。

对在资质有效期内遵守有关法律、法规、规章、技术标准，信用档案中无不良行为记录，且注册资本、专业技术人员满足资质标准要求的企业,经资质许可机关同意,有效期延续5年。

第十七条 建筑业企业在资质证书有效期内名称、地址、注册资本、法定代表人等发生变更的,应当在工商部门办理变更手续后30日内办理资质证书变更手续。

由国务院建设主管部门颁发的建筑业企业资质证书,涉及企业名称变更的,应当向企业工商注册所在地省、自治区、直辖市人民政府建设主管部门提出变更申请,省、自治区、直辖市人民政府建设主管部门应当自受理申请之日起2日内将有关变更证明材料报国务院建设主管部门，由国务院建设主管部门在2日内办理变更手续。

前款规定以外的资质证书变更手续，由企业工商注册所在地的省、自治区、直辖市人民政府建设主管部门或者设区的市人民政府建设主管部门负责办理。省、自治区、直辖市人民政府建设主管部门或者设区的市人民政府建设主管部门应当自受理申请之日起2日内办理变更手续，并在办理资质证书变更手续后15日内将变更结果报国务院建设主管部门备案。

涉及铁路、交通、水利、信息产业、民航等方面的建筑业企业资质证书的变更,办理变更手续的建设主管部门应当将企业资质变更情况告知同级有关部门。

第十八条 申请资质证书变更，应当提交以下材料:

(一)资质证书变更申请;

(二)企业法人营业执照复印件;

(三)建筑业企业资质证书正、副本原件;

(四)与资质变更事项有关的证明材料。

企业改制的,除提供前款规定资料外,还应当提供改制重组方案、上级资产管理部门或者股东大会的批准决定、企业职工代表大会同意改制重组的决议。

第十九条 企业首次申请、增项申请建筑业企业资质,不考核企业工程业绩,其资质等级按照最低资质等级核定。

已取得工程设计资质的企业首次申请同类别或相近类别的建筑业企业资质的，可以将相应规模的工程总承包业绩作为工程业绩予以申报，但申请资质等级最高不超过其现有工程设计资质等级。

第二十条 企业合并的，合并后存续或者新设立的建筑业企业可以承继合并前各方中较高的资质等级,但应当符合相应的资质等级条件。

企业分立的,分立后企业的资质等级,根据实际达到的资质条件,按照本规定的审批程序核定。

企业改制的,改制后不再符合资质标准的,应按其实际达到的资质标准及本规定申请重新核定;资质条件不发生变化的,按本规定第十八条办理。

第二十一条 取得建筑业企业资质的企业,申请资质升级、资质增项,在申请之日起前一年内有下列情形之一的，资质许可机关不予批准企业的资质升级申请和增项申请:

(一)超越本企业资质等级或以其他企业的名义

承揽工程，或允许其他企业或个人以本企业的名义承揽工程的；

(二) 与建设单位或企业之间相互串通投标，或以行贿等不正当手段谋取中标的；

(三)未取得施工许可证擅自施工的；

(四)将承包的工程转包或违法分包的；

(五)违反国家工程建设强制性标准的；

(六)发生过较大生产安全事故或者发生过两起以上一般生产安全事故的；

(七)恶意拖欠分包企业工程款或者农民工工资的；

(八)隐瞒或谎报、拖延报告工程质量安全事故或破坏事故现场、阻碍对事故调查的；

(九)按照国家法律、法规和标准规定需要持证上岗的技术工种的作业人员未取得证书上岗，情节严重的；

(十)未依法履行工程质量保修义务或拖延履行保修义务，造成严重后果的；

(十一)涂改、倒卖、出租、出借或者以其他形式非法转让建筑业企业资质证书；

(十二)其它违反法律、法规的行为。

第二十二条 企业领取新的建筑业企业资质证书时，应当将原资质证书交回原发证机关予以注销。

企业需增补(含增加、更换、遗失补办)建筑业企业资质证书的，应当持资质证书增补申请等材料向资质许可机关申请办理。遗失资质证书的，在申请补办前应当在公众媒体上刊登遗失声明。资质许可机关应当在2日内办理完毕。

第四章 监督管理

第二十三条 县级以上人民政府建设主管部门和其他有关部门应当依照有关法律、法规和本规定，加强对建筑业企业资质的监督管理。

上级建设主管部门应当加强对下级建设主管部门资质管理工作的监督检查，及时纠正资质管理中的违法行为。

第二十四条 建设主管部门、其他有关部门履行监督检查职责时，有权采取下列措施：

(一) 要求被检查单位提供建筑业企业资质证书、注册执业人员的注册执业证书，有关施工业务的文档，有关质量管理、安全生产管理、档案管理、财务管理等企业内部管理制度的文件；

(二)进入被检查单位进行检查，查阅相关资料；

(三)纠正违反有关法律、法规和本规定及有关规范和标准的行为。

建设主管部门、其他有关部门依法对企业从事行政许可事项的活动进行监督检查时，应当将监督检查情况和处理结果予以记录，由监督检查人员签字后归档。

第二十五条 建设主管部门、其他有关部门在实施监督检查时，应当有两名以上监督检查人员参加，并出示执法证件，不得妨碍企业正常的生产经营活动，不得索取或者收受企业的财物，不得谋取其他利益。

有关单位和个人对依法进行的监督检查应当协助与配合，不得拒绝或者阻挠。

监督检查机关应当将监督检查的处理结果向社会公布。

第二十六条 建筑业企业违法从事建筑活动的，违法行为发生地的县级以上地方人民政府建设主管部门或者其他有关部门应当依法查处，并将违法事实、处理结果或处理建议及时告知该建筑业企业的资质许可机关。

第二十七条 企业取得建筑业企业资质后不再符合相应资质条件的，建设主管部门、其他有关部门根据利害关系人的请求或者依据职权，可以责令其限期改正；逾期不改的，资质许可机关可以撤回其资质。被撤回建筑业企业资质的企业，可以申请资质许可机关按照其实际达到的资质标准，重新核定资质。

第二十八条 有下列情形之一的，资质许可机关或者其上级机关，根据利害关系人的请求或者依据职权，可以撤销建筑业企业资质：

(一)资质许可机关工作人员滥用职权、玩忽职守作出准予建筑业企业资质许可的；

(二)超越法定职权作出准予建筑业企业资质许可的；

(三)违反法定程序作出准予建筑业企业资质许可的；

(四)对不符合许可条件的申请人作出准予建筑业企业资质许可的;

(五)依法可以撤销资质证书的其他情形。以欺骗、贿赂等不正当手段取得建筑业企业资质证书的,应当予以撤销。

第二十九条 有下列情形之一的,资质许可机关应当依法注销建筑业企业资质,并公告其资质证书作废,建筑业企业应当及时将资质证书交回资质许可机关:

(一)资质证书有效期届满,未依法申请延续的;

(二)建筑业企业依法终止的;

(三)建筑业企业资质依法被撤销、撤回或吊销的;

(四)法律、法规规定的应当注销资质的其他情形。

第三十条 有关部门应当将监督检查情况和处理意见及时告知资质许可机关。资质许可机关应当将涉及有关铁路、交通、水利、信息产业、民航等方面的建筑业企业资质被撤回、撤销和注销的情况告知同级有关部门。

第三十一条 企业应当按照有关规定,向资质许可机关提供真实、准确、完整的企业信用档案信息。

企业的信用档案应当包括企业基本情况、业绩、工程质量和安全、合同履约等情况。被投诉举报和处理、行政处罚等情况应当作为不良行为记入其信用档案。

企业的信用档案信息按照有关规定向社会公示。

第五章 法律责任

第三十二条 申请人隐瞒有关情况或者提供虚假材料申请建筑业企业资质的,不予受理或者不予行政许可,并给予警告,申请人在1年内不得再次申请建筑业企业资质。

第三十三条 以欺骗、贿赂等不正当手段取得建筑业企业资质证书的,由县级以上地方人民政府建设主管部门或者有关部门给予警告,并依法处以罚款,申请人3年内不得再次申请建筑业企业资质。

第三十四条 建筑业企业有本规定第二十一条行为之一,《中华人民共和国建筑法》、《建设工程质量管理条例》和其他有关法律、法规对处罚机关和处罚方式有规定的,依照法律、法规的规定执行;法律、法规未作规定的,由县级以上地方人民政府建设主管部门或者其他有关部门给予警告,责令改正,并处1万元以上3万元以下的罚款。

第三十五条 建筑业企业未按照本规定及时办理资质证书变更手续的,由县级以上地方人民政府建设主管部门责令限期办理;逾期不办理的,可处以1000元以上1万元以下的罚款。

第三十六条 建筑业企业未按照本规定要求提供建筑业企业信用档案信息的,由县级以上地方人民政府建设主管部门或者其他有关部门给予警告,责令限期改正;逾期未改正的,可处以1000元以上1万元以下的罚款。

第三十七条 县级以上地方人民政府建设主管部门依法给予建筑业企业行政处罚的,应当将行政处罚决定以及给予行政处罚的事实、理由和依据,报国务院建设主管部门备案。

第三十八条 建设主管部门及其工作人员,违反本规定,有下列情形之一的,由其上级行政机关或者监察机关责令改正;情节严重的,对直接负责的主管人员和其他直接责任人员,依法给予行政处分:

(一)对不符合条件的申请人准予建筑业企业资质许可的;

(二)对符合条件的申请人不予建筑业企业资质许可或者不在法定期限内作出准予许可决定的;

(三)对符合条件的申请不予受理或者未在法定期限内初审完毕的;

(四)利用职务上的便利,收受他人财物或者其他好处的;

(五)不依法履行监督管理职责或者监督不力,造成严重后果的。

第六章 附则

第三十九条 取得建筑业企业资质证书的企业,可以从事资质许可范围相应等级的建设工程总承包业务,可以从事项目管理和相关的技术与管理服务。

第四十条 本规定自2007年9月1日起施行。2001年4月18日建设部颁布的《建筑业企业资质管理规定》(建设部令第87号)同时废止。

注册建造师继续教育管理办法

（征求意见稿）

第一条 为进一步提高注册建造师执业能力，提高建设工程项目管理水平，根据《注册建造师管理规定》和有关专业技术人员继续教育政策规定，制定本办法。

第二条 注册建造师通过继续教育，及时掌握工程建设有关法律法规、标准规范，熟悉工程建设项目管理新理论、新方法、新技术、新材料、新设备、新工艺，不断提高注册建造师综合素质和执业能力。

第三条 国务院建设主管部门负责全国一级注册建造师继续教育工作的监督管理，国务院有关部门和省级建设主管部门负责本专业、本地区一级注册建造师继续教育工作的监督管理，具体工作可委托相应的的机构组织实施。

中央管理的建筑企业经国务院建设主管部门认可，可组织开展本系统注册建造师继续教育工作。

第四条 注册建造师继续教育采取集中面授或网络教学的方式进行。一级注册建造师集中面授培训单位应经过国务院建设主管部门认可并在中国建造师网（网址：www.coc.gov.cn）公布。注册建造师可根据注册专业选择培训单位接受继续教育。

第五条 凡具备办学条件的国务院有关部门指定的机构、省级人民政府建设主管部门委托的机构、总后基建营房部、中央管理的建筑企业推荐的建筑行业培训机构，均可向国务院建设主管部门申请，经批准可作为一级注册建造师继续教育培训单位。

第六条 办学条件要求：注册建造师继续教育培训单位应当具有办学许可证、收费许可证，有固定教学场所，专职工作人员不低于全部师资十分之一，师资必须经过正规培训，具有高职的师资不低于师资队伍三分之二，有实践经验专家占师资队伍三分之一以上。

注册建造师继续教育由培训单位按注册专业组织。培训单位必须保证培训质量，授课任务一般由具有高级专业技术职称且具有丰富实践经验的专家承担。

第七条 国务院建设主管部门会同国务院有关部门制定一级注册建造师继续教育的教学大纲并组织编写教材，并于每年12月底前公布下一年度继续教育培训计划。

第八条 培训单位应当按照国务院建设主管部门公布的继续教育培训计划组织培训，负责一级注册建造师学习情况记录。原则上应当对学习情况进行测试，测试可采取考试、考核、撰写论文、提交报告和参加实际操作等，测试合格的，由培训单位颁发由建设部统一样式的《注册建造师继续教育证书》，并加盖培训单位印章。

第九条 网络教学应当由国务院建设主管部门委托的网络教育机构组织实施。参加网络学习的一级注册建造师，应当通过网络提出学习申请，在网上完成规定的继续教育必修课和相应注册专业选修课学习后，打印网络学习证明，参加由国务院建设主管部门认可培训单位的测试。测试成绩合格的，由测试单位将网络学习情况和测试成绩记录在《注册建造师继续教育证书》上，并加盖测试单位印章。

第十条 培训单位应当及时将一级注册建造师继续教育培训学员名单、培训内容、学时、考试成绩及师资情况等资料以书面和电子文档形式，报送国务院行业主管部门指定的机构或省、自治区、直辖市人民政府建设主管部门指定的机构认可。培训单位上级行政主管部门应当在《注册建造师继续教育证书》签署意见并加盖印章,并及时将培训学员名单书面和电子文档报建设部备案。

中央管理的企业组织实施注册建造师继续教育培训工作的,各培训单位应及时将一级注册建造师继续教育培训学员名单、培训内容、学时、考试成绩及师资情况等资料以书面及电子文档形式,报中央管理的企业认可。培训单位上级主管部门应当在《注册建造师继续教育证书》签署意见并加盖印章,并及时将培训学员名单书面和电子文档报建设部备案。

第十一条 注册建造师在每一注册有效期内应接受120学时继续教育。必修课60学时中,30学时为公共课、30学时为专业课;选修课60学时中,30学时为公共课、30学时为专业课。注册两个及以上专业的,除接受公共课的继续教育外,每年应接受相应注册专业的专业课各20学时的继续教育。

第十二条 在每一注册有效期内,注册建造师选择集中面授或网络教学方式接受继续教育达到120学时或完成申请增项注册规定的学时后,其《注册建造师继续教育证书》可作为申请逾期初始注册、延续注册、增项注册和重新注册的证明。

第十三条 在一个注册有效期内,注册建造师根据工作需要可集中或分年度安排继续教育的学时。

第十四条 注册建造师继续教育的公共课内容包括:

(一)国家近期颁布的与工程建设相关的法律法规、标准规范和政策;

(二)建设工程项目管理的新理论、新方法;

(三)建设工程项目管理案例分析;

(四)注册建造师职业道德。

第十五条 注册建造师继续教育的专业课内容包括:

(一)近期颁布的与行业相关的工程建设法律法规、标准规范;

(二)工程建设新技术、新材料、新设备及新工艺;

(三)专业工程项目管理案例分析;

(四)需要补充的其它与建设工程项目管理业务有关的知识。

第十六条 注册建造师从事以下工作并取得相应证明的,可充抵继续教育选修课部分学时:

(一)参加全国一级或二级建造师执业资格考试大纲、考试用书编写及命题工作,每年次每人计20学时。

(二)从事建设工程经济、建设工程项目管理、建设工程法律法规等课程的教学及注册建造师继续教育的教材编写、授课工作,每年次每人计20学时。

(三)在公开发行的省部级期刊上发表有关建设工程项目管理的学术论文或公开出版专著、教材,论文每篇限一人计10学时,专著、教材5万字以上计20学时。

(四)参加国家及省、自治区、直辖市人民政府建设主管部门组织的有关工程建设法规、规范等制订工作,每年次每人计20学时。

在每一注册有效期内,以上工作充抵继续教育累计学不得超过60学时。

第十七条 注册建造师所在单位应督促本单位注册建造师按期接受继续教育,为本单位注册建造师接受继续教育提供时间保证。

注册建造师在参加继续教育期间享有国家规定的工资、保险、福利待遇。

第十八条 二级注册建造师继续教育管理办法由各省、自治区、直辖市人民政府建设主管部门会同交通、水利、通信等有关部门另行制定。

第十九条 培训单位不能保证培训质量或者有其他违规行为的,监督管理部门可提出警告或报请国务院建设主管部门取消其注册建造师继续教育培训资格。

第二十条 本办法由国务院建设主管部门负责解释。

第二十一条 本办法自发布之日施行。

关于征求《注册建造师信用档案管理办法》(征求意见稿)意见的通知

建市监函[2007]37号

各省、自治区建设厅,直辖市建委;江苏、山东省建管局,国务院有关部门建设司,新疆生产建设兵团建设局,解放军总后基建营房部,国资委管理的有关企业,有关行业协会:

为规范注册建造师个人信用行为,建立注册建造师信用档案,根据《注册建造师管理规定》(建设部令第153号),我们组织起草了《注册建造师信用档案管理办法》(征求意见稿),规定了注册建造师信用信息的分类、采集、评价、管理、使用等内容。现印发给你们,请组织有关单位认真讨论,并于2007年7月30日前将书面修改意见送建设部建筑市场管理司。

《办法》可在中国建造师网站(www.coc.gov.cn)下载。

联系电话:010-58933869　010-58933790

传　　真:010-58933913　010-58933530

联 系 人:缪长江

地　　址:北京市海淀区三里河路9号

邮政编码:100835

建设部建筑市场管理司

二〇〇七年六月二十六日

附件:《注册建造师信用档案管理办法》(征求意见稿)

建造师继续教育信息表(附表一)

建造师基本情况			
姓　名		注册编号	
注册专业*			
聘用企业*			
企业所在地			
注册所在省份(含解放军总后基建营房部)*			
继续教育情况			
接受教育的方式	授权的网络教育□	授权的培训点教育□	
授权网站名称		培训计划起止时间	
授权培训点名称		培训计划起止时间	
培训科目名称			
必修内容		实际学时	
选修内容		实际学时	
考试情况			
继续教育合格证明发放单位名称			
培训科目名称			
必修内容		实际学时	

续(附表一)

选修内容		实际学时	
考试情况			
免继续教育 选修学时理由			
减免科目		减免学时	
继续教育合格证明 发放单位名称			
信息登记经办人		时间	
继续教育合格证明 发放单位意见	(负责人) 年 月 日		
继续教育管理部门意见	(负责人) 年 月 日		

注:1.带 * 的栏目由系统根据注册基本信息自动生成;
2.除继续教育管理部门意见栏外,其余均由继续教育合格证明发放单位填写,其中接受网络教育的科目名称、学习内容及学时等信息由网络教育系统自动生成。

注册建造师执业状态信息表(附表二)

注册建造师基本情况						
姓　　名						
注册编号						
执业印章编号*				注册专业*		
聘用企业*						
企业所在地				企业资质证书编号*		
注册所在省份(含解放军总后基建营房部)*						
执业项目基本情况						
项目名称				项目专业类别		
工程规模		投资指标			项目编号	
项目所在地						
建设单位		设计单位			监理单位	
项目承包情况	总包企业名称					
	分包企业名称					
计划开、竣工时间						
本人在项目中的岗位						
业主对项目名称的保密要求				只对建设主管部门开放□	可对社会开放□	
业主对工程规模称的保密要求				只对建设主管部门开放□	可对社会开放□	
以上信息将自网上填报之日起,至竣工信息备案完成之日,在网上公开。						
项目竣工备案情况						
项目名称						
合同情况审查意见						
聘用企业岗位任职证明审查意见						

续(附表二)

竣工文件审查意见			项目竣工验收单位	
工程实际规模			工程实际投资	
实际开、竣工时间				
项目完成情况	质量评价			
	是否达到设计要求评价			
	节能评价			
	环保评价			
	项目档案完整性、真实性评价			
	综合评价			
备案审查结论 审查单位: 审查人: 年 月 日				

注:1.带 * 的栏目由系统根据注册基本信息自动生成;
2.注册建造师基本情况、执业项目基本情况由执业的注册建造师填写;
3.分包企业名称:如果本企业为项目总承包单位,需列出所有分包企业的名称,如果本企业为分包单位,则只需列出本企业的名称即可;
4.项目竣工备案情况由审查部门填写。

注册建造师行为评价信息表(附表三)

注册建造师基本情况					
姓　　名		注册编号		执业印章编号*	
注册专业*					
聘用企业*					
企业所在地					
注册所在省份(含解放军总后基建营房部)*					
良好行为评价情况					
评价依据					
评价内容					
表彰或奖励情况					
进行表彰或奖励的部门					
表彰或奖励的时间					
不良行为评价情况					
评价依据					
评价内容					
处罚情况					
进行处罚的部门					
处罚的时间					
行为评价信息审查情况 审查单位: 审查人: 年 月 日					

注:1.评价依据是指进行表彰、奖励、处罚的有关证明;
2.评价内容是指在执业过程中的良好行为,在注册、继续教育中弄虚作假和执业过程中的不良行为。

注册建造师不良行为记录认定标准(附表四)

行为类别	行为代码	不良行为	法律依据	处罚依据
J-1资质	J-1-01	未取得相应的资质,擅自承担《注册建造师执业工程规模标准》规定的执业范围的	《建筑法》第十四条 《注册建造师管理规定》第二十一条	《注册建造师管理规定》第三十五条
	J-1-02	超出执业范围和聘用单位业务范围内从事执业活动	《建筑法》第十四条 《注册建造师管理规定》第二十一条	《注册建造师管理规定》第三十七条
	J-1-03	隐瞒有关情况或者提供虚假材料申请注册的		《注册建造师管理规定》第三十三条
	J-1-04	以欺骗、贿赂等不正当手段取得注册证书的		《注册建造师管理规定》第三十四条
	J-1-05	拒绝接受继续教育的	《注册建造师管理规定》第二十三条、二十五条	《注册建造师管理规定》第十五条
	J-1-06	涂改、倒卖、出租、出借或以其他形式非法转让资格证书、注册证书和执业印章的	《注册建造师管理规定》第二十六条	《注册建造师管理规定》第三十七条
	J-1-07	聘用单位破产、聘用单位被吊销营业执照、聘用单位被吊销或者撤回资质证书、已与聘用单位解除聘用合同关系、注册有效期满且未延续注册、年龄超过65周岁、死亡或不具有完全民事行为能力、以及其他导致注册失效的情形下,未办理变更注册而继续执业的	《注册建造师管理规定》第十六条	《注册建造师管理规定》第三十六条
J-2执业	J-2-01	泄露在执业中知悉的国家秘密和他人的商业、技术等秘密的	《注册建造师管理规定》第二十五条	《注册建造师管理规定》第三十七条

注册建造师不良行为处罚单(附表五)

<table>
<tr><td colspan="4">被处罚人基本情况</td></tr>
<tr><td>姓　　名</td><td colspan="3"></td></tr>
<tr><td>注册编号</td><td colspan="3"></td></tr>
<tr><td>执业印章编号</td><td colspan="3"></td></tr>
<tr><td>聘用企业</td><td colspan="3"></td></tr>
<tr><td>企业所在地</td><td colspan="3"></td></tr>
<tr><td colspan="4">不良行为描述</td></tr>
<tr><td>不良行为的编码</td><td colspan="3"></td></tr>
<tr><td>不良行为的事实</td><td colspan="3"></td></tr>
<tr><td>不良行为的后果</td><td colspan="3"></td></tr>
<tr><td>不良行为的其它情况</td><td colspan="3"></td></tr>
<tr><td colspan="4">对不良行为的处罚</td></tr>
<tr><td>处罚机构</td><td colspan="3"></td></tr>
<tr><td>处罚依据</td><td colspan="3"></td></tr>
<tr><td>处罚决定</td><td colspan="3"></td></tr>
<tr><td>经办人</td><td></td><td colspan="2">时间　　年　　月　　日</td></tr>
<tr><td>核准人</td><td></td><td colspan="2">时间　　年　　月　　日</td></tr>
<tr><td colspan="4">处罚机构意见

(处罚机构盖章)
年　　月　　日</td></tr>
</table>

注:处罚单一式三份,其中一份告知被处罚人,一份由处罚机构存档,一份按照行为评价信息书面材料存档要求交有关省级建设主管部门存档。

我国对外投资发展迅猛 对外经济合作安全重要性凸显

商务部、外交部联合召开 全国对外经济合作安全工作电视电话工作会议

近年来,随着我国改革开放的不断深入和“走出去”战略的加快实施,我外派劳务人员逐年增多。与此同时,由于部分国家政局动荡、社会治安状况恶化和国际恐怖活动日益加剧等原因,我劳务人员生命和财产安全受到伤害的案件日益增多。

党中央、国务院领导同志对我驻外机构及人员的安全保障工作十分重视,要求务必做好安保措施,加强内部防范,健全应急处置机制。为认真贯彻落实中央和国务院领导的指示精神,切实保障我劳务人员的生命和财产安全,商务部、外交部在2007年5月14日联合召开了“全国对外经济合作安全工作电视电话会议”。此次会议由北京主会场及全国35个分会场同时召开,出席会议的有商务部、外交部以及国家发改委、公安部、财政部、建设部、国家安监总局、国资委等部门及在京中央企业负责人、商务部各有关司局负责同志。

会议首先由商务部陈健部长助理通报了近年发生在境外的主要经济合作安全事件,并分析产生问题的主要原因。陈健部长助理指出:近几年来,我国对外投资发展迅猛,2006年我国非金融业对外投资161亿美元,对外承包工程完成营业额300亿美元,同比增长37.8%。境外中资企业达到10673家。形成境外资产总量2700亿美元。累计派出劳务人员387.1万人次。随着我国境外业务的迅猛发展,规模扩大和国际环境的变化,我国企业在境外开展对外经济合作遇到的问题随之增多,特别是安全问题。境外安全问题不仅造成企业财产及人员伤亡损失,还给双边经贸合作和国家形象造成伤害。据不完全统计,2001年以来,我国企业在境外遭遇的恐怖事件23起,伤亡36人,受伤30人,被绑架39人;在境外发生重大质量及安全事故7起,死亡22人,受伤15人,失踪10人;境外发生的治安刑事案件14起,死亡6人,受伤5人。境外企业的劳务劳资纠纷频频发生。上述数据表明我境外经济合作安全形势十分严峻。党中央国务院领导对这些问题高度重视,对此做出明确指示。

陈健部长助理指出:近几年来,涉及到我境外企业的安全事件主要原因有五个方面:

(一) 恐怖主义势力的袭击;

(二) 所在国政局动荡,社会动乱,及至局部战争(包括一些有争议地区发生的局部战争)导致境外企业人员及财产损失;

(三) 利益冲突,主要表现在境外企业与当地利益集团发生的利益冲撞。有些境外企业国际化理念

不强、素质不高，法律观念和社会意识淡薄，不顾当地人利益、不尊重当地人的风俗习惯，习惯走上层路线，不善于处理与当地工会及利益集团关系，加之某些国家反华势力和反政府势力暗中利用，导致当地居民与我境外企业和人员关系疏远，甚至产生对立和排斥情绪。引发安全事件；

(四) 所在国的治安状况不佳造成的治安问题，导致我境外企业人员被窃、被抢及被杀害事件频频发生。南非、俄罗斯、巴西、利比亚等国家治安状况不容乐观；

(五) 我们企业内部的管理问题。一些企业在思想上不重视，安全防范意识不强，责任不到位，也是频频发生安全事件的主要原因。国家一些境外安全管理相关文件发布以来，大部分企业加强了各方面的管理，但仍有部分企业心存侥幸心理，没有认真贯彻文件规定的要求，违章指挥、违章作业现象依然严重。

陈健部长助理要求，各境外企业应当认真吸取已经发生事件的经验教训，做好各项防范及应急处理工作，认真执行国务院办公厅转发商务部的公文“《关于加强境外中资企业机构人员安全保护工作的意见》的通知”和国家安全生产监督总局、外交部、商务部、国资委“《关于加强境外中资企业安全生产监督管理》的通知”，进一步提高对境外安全形势的认识，认清开展对外经济合作面临的安全风险，提高警惕，加强安全防范意识，落实各项安全保卫措施，建立健全各项安全应急协调机制。加强境外安全服务体系建设。切实做好开展对外经济合作中的安全工作。

外交部孔泉部长助理随后通报了我国企业开展对外经济技术合作面临的安全形势。

外交部孔泉部长助理指出，随着我国境外经济合作业务的规模逐步扩大，保护境外企业财产及人身安全的任务也更加重要，需要政府各个部门齐心协力，认真贯彻落实中央领导的指示精神，按照以人为本、构建社会主义和谐社会的社会高度出发，加强海外企业人员的安全工作。孔泉介绍了外交部对当前海外公民、企业所面临的安全形势所拟定的工作思路及措施。

当前海外公民、企业面临的安全形势极其严峻，突出表现在以下几个方面：

(一) 一些国家地区局部形势动荡甚至发生战乱，殃及我境外企业及公民财产及生命安全；

(二) 一些国家、地区贸易保护主义所产生的负面影响冲击；

(三) 恐怖主义活动日益猖獗，国际化趋势越来越凸显。我国公民成为目标，造成海外企业及人员的重大损失。这个比例近一年来持续上涨。如在尼日利亚，近几个月来，我中资机构人员连续三次遭到绑架，最后一次绑架还有二名中国工人尚未获救；

(四) 自然灾害，包括疾病、意外灾害、意外事故是对海外企业及人员的又一威胁。最突出的就是2004年的印度洋海啸。此次事件造成32名中国公民遇难；

(五) 我们企业和人员自身存在的一些问题不容忽视。主要表现在钻当地法律空子，包括走上层路线，过于重视短期效应和经济利益，没有长远目标；忽视社会效益，没有反馈社会，不尊重当地人的风俗习惯，直接影响到我国企业公民与当地的关系。不利于营造对我企业和公民有利的生存环境，间接和直接影响到我企业和公民的安全；

(六) 境外非法劳务问题。由于不受法律保护，劳务人员的安全和利益得不到有效的保障。非法劳务活动屡禁不止，多次在国外引发劳务事件。既影响到国家形象，也威胁到劳务人员的个人安全。

目前上述安全问题刚刚显露，今后的安全问题还将更加严峻。去年中国公民出境达到3452万。是改革开放以来30年出国人数总和的100多倍。但相对于我国发展的速度来看，相对于企业海外发展的需求来看，这个数字还将急剧大幅攀升。所以海外企业和公民的人身及财产安全工作任重道远。改善这一状况的一个基本思路是党中央国务院从以人为本，构建社会主义和谐社会的社会高度出发，高度重视海外安全保护工作，中央领导多次指示要切实维护中国公民在海外安全及合法权益。“五一”前后胡锦涛总书记就四次就有关案件做出批示。国务院将中国公民在海外安全及合法权益写入政府工作报告。

各个部门要认真落实中央及国务院关于海外安全工作的要求。要充分认识到自己所承担的责任。认真执行国务院办公厅转发商务部的公文“《关于加强境外中资企业机构人员安全保护工作的意见》的通知”，以及国办(2005)59号文件《国家涉外应急事件突发预案》要求，各司其职，协调行动，共同努力，将海外安全工作抓实抓好。

进一步对海外企业进行多层次的保障网络。外交部在各个部委的大力支持下，在协调预防应急和处置两方面加强了体制建设。妥善处理了一批企业海外安全案件。

为了落实胡锦涛主席的指示精神，外交部近日召开中国公民和境外机构保证的联络员联席会议。把联席会议制度进一步制度化、有效化。通过这样一个机制研究建立并实施海外安全风险的评估制度。整合外交部、商务部资源，以及驻外外交领事机构，将世界所有国家地区的安全形势定期做出评估，以便我国公民及企业走出去后，有个充分的参考依据。这个评估分为短期及中远期。短期是及时对一些动乱国家及地区发出警示，提醒我国公民注意采取措施。中远期是评估这个国家和地区在1~5年内社会环境面临的安全威胁。上述措施将使我国公民走出国门后安全风险以及各方面保护意识有进一步的提高。使得驻外机构更好地为公民提高安全保障。

各地方政府、各部门、各大企业要进一步执行“谁派出，谁负责”的原则，切实负起审批和审批后的管理职责。处理境外突发事件不要推诿、拖延。在审批过程中要实行安全一票否决制。加强监督指导，督促企业加强、加大安全投入。全面推行人员的人身保险。

会议最后由商务部部长薄熙来就进一步做好对外经济合作安全工作提出具体工作要求。

薄熙来部长指出，最近中央领导同志对对外经济合作安全工作多次做出重要批示，加强对外经济合作安全工作是推动建设和谐社会的必要保障。希望各级商务主管部门全面落实职责，以对国家和人民利益高度负责的态度花大力气抓好这项工作。

薄熙来部长指出，要做好对外经济合作安全工作，有八项具体工作需要重视并落实：

(一) 尊重当地人民，教育企业与当地人民和睦相处，为当地经济社会发展多做一些好事。这也是减少海外安全事件的一个至关之策。企业要注重长远，关心当地民生，树立企业良好形象。在工作中要注意尊重当地的风俗、宗教习惯，平等待人、和睦相处。提倡参与公益事业注重环境保护。争取当地社会的广泛理解和支持。积极开展本地化经营，通过分包和联营体的方式，扩大当地就业，回报当地社会。这是我们建立良好外部环境，做好安全保障的关键，由此为我们走出去打好基础，营造环境，同时不断化解矛盾。希望各大公司企业总部以及各省市要认真研究，为走出去的对象国多办好事。

(二) 加强境外安全职能建设。各有关部门和中央企业要按照国务院的有关通知要求抓紧制定和完善境外安全制度，要抓好监督检查落实。企业要进一步完善内部工作机制，建立项目安全风险评估和安全成本核算制度，根据不同的安全风险，制定分类管理的安全防范措施。

(三) 认真排查境外安全隐患。各级商务主管部门要认真组织企业对正在执行的和已经签约的各类对外经济合作项目开展安全排查，及时发现安全隐患和薄弱环节，解决存在的问题。排查的重点为项目所在地的安全风险及企业执行安全规定情况和采取安全防范措施的情况。可以根据实际需要，组成境外安全巡视工作组，对重点项目进行现场安全检查和指导，对巡查过程中发现的安全隐患要责令企业限期整改，并登记建档，定期进行评估。企业要按照要求，积极进行排查，对高危项目及时采取“撤、减、缓”等项措施。避免造成更大损失。

(四) 推进境外安全预警和应急处置体制的建设，对有关部门和企业要按照国家处置涉外安全应急突发事件的机制要求加快建立和完善本部门本企业的境外安全预警和应急处置机制。面对日益繁多的境外安全经济形势有必要将机制更加强化，使之能够适应未来更加复杂的安全形势。要加强对重点国家和地区政治经济形势、民族宗教、社会治安状况、恐怖活动等信息的收集、评估和预警。加快构建以互联网、电视广播等媒体为载体的安全信息,公告平台,鼓励设立专职安全咨询机构,要不断提高应急处置能力的建设,要加快建立境外安全应急处置专业队伍。在安全问题突出的国家和地区,企业要聘请安全专家或与专业安全顾问机构长期合作。充分发挥其对应急预案编制、演练和安全应急处置等工作的指导作用。

(五)要加大境外安全保护投入,有关部门单位要拨出专项资金,支持境外安全保护体系建设,包括区域和国别风险评估,安全信息网络建设,培训企业专职安全员,建设境外中资企业人员数据库等,企业要加大投入使人力、物力、财力等要素,适应境外安全工作需要。做到境外安全管理与企业发展同步规划、同步实施,企业在做项目研究时,必须将安全方面的费用计入成本。企业要为境外人员购买境外伤害保险。在安全问题突出的国家和地区开展业务,应雇用有防护能力的当地保安在生活工作区域,配备必要的安保设施。设立安全防线,提高安全防护专业化水平。必要时,聘请武装军警。

(六)强化境外安全教育和培训。各级商务主管部门要知道企业加强安全教育培训工作。建立健全安全教育培训制度,企业要按照"谁派出,谁负责"的原则,其实做好外派人员的安全教育培训工作,确保实效,培训应该制度化。必要时可以组织对外派人员和当地雇员的应变突发事件的演练。

在财政部的支持下商务部今年将拿出250万元人民币启动企业跨国管理人员培训计划,三年内将对1000家重点企业的2000名中高级管理人员进行培训。境外安全保障是这项培训的主要内容。

(七)要把好对外经济合作项目安全的阀门,国内各级企业必须严格遵守境外投资开办企业承包工程劳务合作等对外经济合作业务核准规定,必须实现征求境外使领馆的意见,驻外使领馆在回复意见的时候,应在安全方面提出评估意见,必要时可以实行安全一票否决制。商务主管部门要严格按照有关规定对安全状况等方面进行认真审查。经核准的企业应该严格遵守境外中资企业机构报告登记制度,及时向驻外使领馆报告登记。

(八) 加强境外安全国际合作。有关部门要加强与重点国家和地区国际组织的合作,加强情报信息搜集和研讨工作,特别是要在选择的一些国家建立政府间紧密联系渠道和多元联系渠道。合力防范和打击危及我境外企业和人员安全的恐怖活动。我境外人员和机构集中的国家和地区的驻外使领馆,要与驻在国政府建立经常性的沟通渠道,及时获得安全信息。

除了上述八项工作以外,境外企业还要注意保障当地雇员的安全。在这些方面我们是有教训的。要善待当地雇员,为其创造良好的工作环境、安全环境。每个企业要自觉维护国家的形象。

总之,加强对外经济合作中的安全工作,是一项长期而又艰苦的工作。必须做到:

第一,统一认识,加强领导,牢固树立"安全高于一切,责任重于泰山"的思想,增强安全风险意识和责任意识,始终将境外人员的生命财产安全摆在首要位置。

第二,全面落实责任,要建立健全境外安全工作的责任制和问责制,境外企业的负责人是境外安全工作的第一责任人,对于敷衍塞责、严重失职的负责人,要严格追究相关领导的责任。

第三,相互协调配合,各有关部门要切实履行职责,密切协调,形成工作合力,充分发挥境外中国公民和机构安全保护工作联席会议作用。

商务部、外交部将会同国家发改委、财务部、公安部、安全部、交通部、建设部、卫生部、国资委、安监总局、民航总局等部门,沟通与配合,重点对境外项目的管理、应急资金支持、交通运输、医疗救护、保险保障等工作进行协调,各地有关部门要根据实际需要,建立相应的工作协调机制,各级商务主管部门都要积极配合兄弟部门,做好对外经济合作的安全工作。

最后,薄熙来部长指出,对外经济合作的安全工作任务艰巨,责任重大,要在以胡锦涛同志为书记的党中央领导下,认真贯彻落实科学发展观和构建和谐社会的思想,妥善应对各种风险和挑战,抓好境外安全工作,实现对外经济合作又好又快的发展。对商务部有什么要求和建议,也请及时的提出,以便于商务部认真研究制定相应的措施,把后续工作做好。

建设管理与建造师制度*

◆ 王早生

(建设部建筑市场司，北京 100835)

根据工作中的一些体会，下面我就建设工程与项目管理的一些问题和大家交流探讨，并简要介绍业界关注的建造师制度的有关工作。

一、建筑业的地位与作用

1.我国建筑业的产业地位和作用

(1)产业规模持续扩大，对国民经济的支柱作用日益增强

首先，大量投资通过建筑业的转化，形成了促进国民经济长期稳定发展的固定资产和现实生产力，并极大地改善了城乡面貌，提高了人民居住水平。其次，建筑业对其上下游产业，起到了明显的拉动和辐射作用，据测算，建筑业每完成1元产值，便可带动相关产业1.3~1.5元的产出。第三，建筑业在安置就业，尤其是吸纳农村劳动力就业方面作用突出。第四，建筑业和建筑劳务输出已成为部分地区经济增长和农民增收的重要来源，促进了城乡统筹发展。

(2)建筑生产力快速发展，工程质量不断提高

改革开放以来，我国建筑生产力得到快速了展，建造能力不断提高，超高层、大跨度房屋建筑设计、施工技术、大跨度预应力、大跨径桥梁设计及施工技术、地下工程盾构施工技术、大体积混凝土浇筑技术、大型复杂成套设备安装技术等，都达到或接近国际先进水平。长江三峡大坝、西气东输、南水北调、青藏铁路、奥运工程等一大批投资规模大、技术要求高、举世瞩目的特大型建设工程已经建成或正在开始建设，极大地支持了国民经济的快速发展。

(3)建筑业产业规模达到新的历史高点

2005年，全国建筑业企业完成建筑业总产值34746亿元，比上年增长19.7%；实现增加值10018亿元，按可比价格计算比上年增长19.5%，占国内生产总值比重的5.5%，建筑业规模再创新高。建筑业从业人数占到全社会从业人数的5.2%以上。

(4)产业结构进一步优化，企业国际竞争力明显提高

一是建筑行业结构趋向合理，基本上形成了综合承包、施工总承包、专业化承包、劳务分包的架构，各类企业之间的市场化联系纽带基本形成。二是建筑企业围绕提高核心竞争力开展了企业组织结构调整，打破部门、行业、地区、所有制的界限兼并重组、股权多元化、民营化、上市公司数量不断增加；同时围绕价值链展开经营结构调整，产业集中度逐步提高，建筑市场份额进一步向优势地区和优势企业集中，区域性的建筑业强势集群逐步形成。三是“走出去”势头方兴未艾，国际市场拓展速度加快，2005年我国对外承包工程完成营业额217.6亿美元，新签合同额296亿美元，同比增长均超过24%，对外承包市场地域范围、涉足专业领域不断扩大，承包方式也从最初

* 本文是作者在呼和浩特市“建设工程项目管理规范”宣讲会上的讲话。

的劳务、土建分包发展为大量的工程总承包及BOT等方式。中建、中铁工、中铁建等3家中国建筑企业也首次亮相美国《财富》杂志公布的2006年度全球500强。2005年全球最大225家国际承包商中,49家中国公司入榜,我国已经进入国际工程承包领域前六强。

(5)企业管理和技术创新能力增强

经过多年国内外市场竞争的磨炼,建筑企业管理正在向科学化、现代化和国际通行模式转变,同时也锻炼培养了一大批优秀工程项目的管理和技术人才。据统计,目前我国共有勘察设计企业13000家,从业人员有140余万人,其中注册建筑师4.1万人,注册结构工程师3.3万人;施工企业102842家,从业人员3900余万人,其中项目经理100余万人;工程监理企业6374家,从业人员43万多人,其中注册监理工程师9万多人;招标代理企业5084家。建筑企业在技术创新方面也取得了长足的进步,依靠专利技术或专有技术不断扩大市场规模,促进了产业结构的升级。

2.对"支柱产业"的认识

支柱产业一般应具有以下特征之一:一是产业的生产总值或增加值的规模大,在国内生产总值即GDP中占较大比重;二是与其他产业的关联度高,能够带动其他产业的发展和社会进步;三是市场扩张能力强、需求弹性高,发展快于其他行业;四是国家政策倾斜,多方扶持,重点发展;五是社会效益显著,有利于扩大就业。目前,我国建筑业从业人数3900万人,占全社会从业人数的5.2%以上,其中农民工3000余万人,占农村富余劳动力转移总数的1/3。

二、建设管理基本制度

1.规划许可制度

按照城市规划法的规定,任何建设项目都必须申请领取规划管理部门颁发的"一书两证",即《选址意见书》、《建设用地规划许可证》和《建设工程规划许可证》。否则是违法建设。

2.项目法人责任制度

项目法人责任制是指项目法人对工程项目的策划、资金的筹措、建设的实施、生产的经营、债务的偿还和资产的保值增值实施全过程负责。即明确项目法人是项目建设的责任主体,包括项目法人责任制的范围、项目法人的组成、项目法人的主要管理职责、项目法人与各方的关系等。比如国家大剧院、青藏铁路等项目都实施了项目法人责任制。

3.工程招标投标制

根据《工程建设项目招标范围和规模标准规定》(国家发展计划委员会令第3号)大型基础设施、公用事业等关系到社会公共利益和公众安全的项目,全部或部分使用国有资金投资或者国家融资的项目以及使用国际组织或者外国政府贷款、援助资金的项目,必须进行招标。有关行政监督部门依法对招标活动实施监督。

4.建筑市场准入制度

建筑市场准入制度即对进入建筑市场承揽业务的企业或个人颁发建筑执照或资质、资格证书,还包括施工许可的条件审批。在国外,有些国家由于信用体系比较健全,没有实行建筑市场准入制度,但也有少数的国家实行市场准入。我国目前建筑市场竞争激烈,信用缺失,在一段时间内还不可能实现市场的完全放开,需要政府制定政策,设立门槛,实行准入。

5.建设监理制度

关于建设工程监理的问题,在《建设工程项目管理规范》中也做了一些明确,目前我国的建设工程监理具有三个特点:一是监理制度的强制性;二是监理队伍的专业性;三是监理工作侧重于施工阶段,并且主要侧重于施工阶段的质量管理。《建设工程安全生产管理条例》出台后,安全责任也成为监理工作的一项重要内容。对于监理企业,我们一是要求其认真履行监理职责,该检查的要检查、该停工的要停工、该报告的要报告,切实做好、做实监理工作;二是鼓励有条件的监理企业,拓宽业务范围,拓展服务领域,积极从事项目管理的工作。

6.质量监督与安全管理制度

从广义上来讲,前面的招投标制、项目法人制和建设监理制,都是为工程质量和安全服务的。根据《建设工程质量管理条例》和《建设工程安全生产管理条例》,建设单位要向当地主管部门报请质量监督,纳入安全管理。在以上两部条例中,对市场各方主体应当承担哪些质量与安全责任都有明确规定。

7.设计审查制度

我国由于体制关系，设计审查分为不同阶段来实施，通常前期初步设计审查，由项目主管部门负责,施工图设计审查由建设主管部门负责。根据《建设工程质量管理条例》,原来只在部门规章和规范性文件中规定的施工图设计审查，第一次在国家法规中得到了反映。

8.施工许可制度

在建设单位履行完相关手续准备施工时，建设单位要持相关文件到当地建设主管部门申请施工许可证。领取施工许可证后,施工单位才能进场施工。这项制度主要是为了规范建设单位违法、违规施工,造成无证施工的既成事实的后果。

9.工程竣工验收制度

根据《建设工程质量管理条例》,我国的工程竣工验收由过去的建设主管部门或者是质量监督机构来组织完成,转变为由建设单位组织专业机构、专业人士来完成,并及时向建设行政主管部门或者其他有关部门移交建设项目档案。建筑工程与普通产品不同,它直接关系到人民群众生命财产的安全,具有公共性和特殊性。因此,政府如何对建筑工程进行管理,采取何种手段十分重要。工程竣工验收备案制度就是政府部门通过备案，来减少建设工程不合格产品的产生,但这种备案是告知性的,不是审批性的,也就是说,对于不合格的建筑产品,政府部门在备案过程中没有发现其问题,也不会承担相应的责任,因为备案不是审查性的许可。这样的规定是与国际通行做法接轨的,国外的工程竣工验收更多的也是一种业主行为或是建设单位的行为。1999年发生了重庆綦江彩虹桥垮塌事故,震惊全国,按当时的文件规定,建设工程竣工验收制度是由质量监督机构或是政府部门委托的机构实施的,因此地方质量监督站有关人员也受到了责任追究和相应的处罚。后来起草《建设工程质量管理条例》，讨论在工程竣工验收中政府部门的职责和应承担的责任问题时,意见不一致,因此没有将由政府部门实施竣工验收或颁发使用许可写入条例。

10.工程保险与担保制度

为了规避风险,保证工程质量、安全与效益,利用市场的、经济的措施来解决风险问题是一个发展方向,使得政府部门的工作更为有效。我国建设领域的基本制度还包括工程保险制度和工程担保制度等,工程保险包括:质量险、工伤险、职业责任险等。工程担保包括履约担保、支付担保等。

在国外，政府的监督管理主要是在以下三个环节:一是工程项目的规划许可,即对工程项目的建设规模和建设范围等规划条件作出许可；二是设计许可,国外设计许可部门的机构设置与我国有所不同,他们把前期设计和施工图设计笼统称为设计，在设计的不同阶段,审查不同的内容,给出审核意见,最后在施工阶段颁发施工图使用许可;三是使用许可,整个工程完工后,政府要颁发使用许可,类似于我国的竣工验收备案制度,但又有所不同。没有使用许可不能投入使用，具有法律强制性。抓住了这三个环节,对于保证整个工程质量来说,就抓住了关键点。

三、建设工程项目管理

项目管理科学是一门复杂的社会系统工程,具有很强的指导性和实用性,《建设工程项目管理规范》共分18章,对项目管理进行了全面的阐述。与四年前的旧《建设工程项目管理规范》相比,旧规范的内容仅限于施工阶段,是大题目小文章;新规范则涵盖了整个的建设实施过程的每个阶段，是一个完整的管理体系,它包括:业主方的管理、设计方的管理、施工方的管理、供货方的管理和工程总承包方的管理等。因此不仅施工企业要学习规范,建设单位、设计单位、监理企业也要学习规范;不仅施工企业的项目经理要学习规范，政府主管部门的有关人员和企业法人也应学习规范。

此外,我们还要注重新规范各个方面的阶段性。建设工程是一个系统的工程，建筑活动是一个完整的活动,哪个阶段的哪个环节出现问题,工程都不会顺利进展,我们要对《建设工程项目管理规范》有全面的理解。注重整个《建设工程项目管理规范》的范围,以及各个阶段的特点。

四、工程风险管理

随着我国建筑市场竞争的日益激烈，建筑业企业的利润空间不断缩小，这促使我国企业必须加强

内部管理,由原来的粗放型管理向集约型转变,风险管理成为决定项目成败的一个重要因素。在现代工程管理中,风险管理逐步受到建筑市场各方主体的重视,在《建设工程项目管理规范》中还专门设了一章来规范风险管理,突出风险管理的重要性。

按工程项目参与方的工作性质和组织特征的不同,风险可以分为两个方面:一是建设方的风险,主要是投资风险、决策风险和项目策划风险等。即项目本身的合理性问题,立项、可研是否科学合理。从整个项目管理来说,项目的可行性问题是必须优先考虑的。二是承包商的风险,包括:1、技术风险。近年来,随着基础建设投资的逐年增加,规模大、技术新、结构复杂的工程项目大量产生,为了达到业主在技术标准和质量标准方面的较高要求,承包商会采取非常规的方法来对项目实施管理,使项目在技术方面存在着潜在问题,增大了项目的技术风险。2、管理风险。建设工程的完成过程就是一系列的工程活动有序而合理的运行过程。每个环节都有不同的目标和任务,各个施工组织都有自己的管理措施。但是,由于在施工过程中人的因素,会造成管理上的失误,从而阻碍施工过程的顺利进行。它还可以具体分为合同风险、供应风险、工期风险、费用风险、质量风险、安全风险和信誉风险等。3、外部风险。包括:政治局面的稳定性,有无社会动乱,政权的变更,种族矛盾和冲突,宗教,文化,社会集团的利益冲突;政府的办事效率,政府信用和政府官员的廉洁程度;国家经济政策的变化,产业结构的调整;社会的财政情况,赤字和通货膨胀情况;当地建筑企业的专业配套情况,建材及结构构件的生产、供应和价格等。

在工程项目管理中,由于风险具有隐蔽性和不确定性,管理者必须提高对工程项目风险的识别能力,加强工程项目风险信息收集工作,掌握不同工程项目的风险规律,完善风险估测手段,增加风险分析的准确性,把风险管理融入日常管理工作中,通过管理的科学化、制度化和规范化来实现风险的规避。

五、项目运作

1.企业的管理模式

改革开放以来,我国社会主义市场经济初步建立,建筑业得到了长足的发展,但我国建筑业企业的管理模式与国际通行做法还存在着一定的差异。国外的企业,即使是有着许多分支机构和分公司的国际知名企业,在签订合同方面都是由总公司集中签订和掌握,即使同时管理十几个、几十个项目,总公司下面也不会设二级法人,更不设三级法人,这就是扁平化的管理模式。对于扁平化的管理模式,总公司主要作好三个方面的控制:一是合同管理;二是现场的管理;三是经济方面的管理,即对材料、设备等费用方面的控制,项目部在经济方面的权限很小。在国外,同一个集团下的几个公司在同一个项目上投标的事情很少出现。目前我国国内的施工企业为提高自身的竞争能力,在企业组织结构改革方面也进行了一些探索,但国内大部分中央直属企业的管理模式还是机关或集团,下设若干个运作实体局,局下面设公司,从公司再到具体的项目,这种管理模式的利弊,我们还可以进一步的探讨。

2.积极推行项目管理和工程总承包

积极推行项目管理和工程总承包,可以提高投资效益,优化资源配置,保证工程质量和安全,项目管理和工程总承包是国外比较成熟的运作方式,目前建设部也在积极推行。在国外,绝大多数的石化、化工、冶金等工业项目都是以工程总承包的方式运作的,房屋建筑工程虽然在设计方案阶段比较独立,但方案一旦确定,其总承包的比例也是比较高的。在欧美的一些国家,房屋建筑工程总承包项目比例已达到了50%以上,并且每年在以1~3%的速度增长。

目前,我国在推行项目管理和工程总承包过程中,还存在着一些困难,这其中有市场的问题、部门管理的问题、业主认可的问题和企业自身的问题等,这些问题都制约着我国项目管理和总承包的发展。例如国内的一些建设单位对于工程总承包的实施方式有种担心,认为把工程的设计、施工等各个阶段全部委托给总承包商,不利于建设单位对工程项目的有效控制,其实这种担心可以通过委托项目管理的方式来解决。受委托的项目管理公司或是咨询公司可以对工程项目实施专业化的管理,这与建设单位在工程各阶段的管理深度是不同的,国外项目管理公司在提高投资效益、保证工程质量和为建设方提供咨询服务等方面发挥着重要的作用。

通过以上介绍,我主要想强调两点:一是我们要提倡扁平化的企业管理模式,在扁平化的项目管理模式中注重合同管理、现场管理和经济管理;二是在具体的管理过程当中,我们可以通过项目管理和工程总承包等实施方式来管理项目。总结成一句话就是:专业化管理,市场化运作。

六、建造师的有关工作

1.建造师制度的背景情况

1992年7月,建设部颁布了《建筑施工企业项目经理资质管理试行办法》,开始对建筑业企业项目经理实行资质认证制度,1996年7月1日起,项目经理需持证上岗并按不同资质等级从事相应规模的工程项目管理工作。项目经理是施工企业所承包工程的主要负责人,他根据企业法定代表人的授权对工程项目实施全面的组织管理,作用重大。2003年,根据《国务院关于取消第二批行政审批项目和改变一批行政审批项目管理方式的通知》(国发 [2003]5号)文件精神,取消了建设部项目经理资质审批权,考虑到项目经理岗位的重要性,为了完善并加强对项目经理岗位的管理,我们要用规范的执业资格制度来代替原本不很完善的项目经理管理制度,因此建立了建造师执业资格制度。

建造师最早起源于英国,目前国际上有四十多个国家实施建造师制度,但国外的资格制度与我国的建造师制度以及建设领域的其它执业制度有很大区别:我国的执业资格制度是强制性的,而国外的很多执业资格制度不是强制性的,是一种社会的认可,一种水平的认证。在法国或是一些其他发达国家,也有项目管理师、建筑师、建造师等各种资格,但这些资格都不是强制性的,无论是否具有执业资格都是可以从事相应的工作,并且有的业主也会聘用他们,这主要是因为在国外对于这些工作是有担保的。但目前在我国,信用体系建设还不完善,信用严重缺失,因此对于个人执业资格我们是强制的,是政府的许可,至少到目前为止建设领域的各项执业资格制度都还是强制性的,建造师执业资格制度也不例外。

建造师执业资格目前主要是为施工企业的项目经理岗位设定的,或者说是为施工管理活动设定的,当然今后随着建造师执业资格制度的不断完善,建造师执业水平不断提高,建造师的工作将不仅仅局限于施工阶段的项目经理岗位,还可以从事工程项目管理的相关工作,包括设计管理、采购管理等各个环节的管理工作,也就是我们以后要提倡的“一师多岗”。今后具有设计执业资格的人员也不是只做设计、只做建筑方案,只要他们具备相应的管理能力,也可以从事有关项目管理的工作。例如桥梁工程师补充相应的管理知识后,可以从事桥梁工程的项目管理工作,今后的一个执业资格可以向多个岗位渗透,以提高执业资格的执业范围。另一方面,也可能出现“一岗多师”,例如项目管理的有关岗位,今后不仅仅是受业主委托的施工阶段的建造师可以担任,其它具有相应的专业知识和相应能力的建筑师和其它专业工程师也都可以担任。

2.建造师队伍的基本情况

到2008年2月底,项目经理向建造师过渡的期限即将结束,现在向大家介绍下一级建造师队伍的情况。据统计,全国13万人具有一级项目经理资质证书,其中1.9万人通过第一次的考核认定获取了一级建造师资格,2900多人通过去年一级建造师考核认定收尾工作获取了一级建造师资格,具有一级项目经理资质证书的人员还有一部分通过考试考取了一级建造师资格。粗略估计,大概有一半左右的一级项目经理具有了一级建造师资格,其余没有获得一级建造师资格的一级项目经理,大部分通过考核认定或考试获得了二级建造师资格,具体数字要以最后的统计结果为准。目前我们正在组织相关情况的调研:一是要统计原有13万一级项目经理的基本去向,即目前这些人在从事什么工作、什么岗位;二是要统计现已取得建造师执业资格的人员从事岗位的分布情况。例如已取得建造师资格的人员在施工企业和设计单位的分布情况;已取得建造师资格的人员在施工企业中,从事行政领导职务和项目施工管理一线的岗位分布情况。

从数量上来看,通过考核认定和这几年的考试,一级建造师的人员数量基本上能够满足目前

我国工程建设需要的。通过考核认定有2万多人取得了一级建造师资格,通过2004年度和2005年度两次考试,又有15万人取得了一级建造师资格,再加上2006年11月份和2007年度考试的通过人数,到2008年2月底全国一级建造师人数至少达到25万人,将接近我国目前具有一级项目经理资质人数的两倍。但由于目前一级建造师考试方式和考试试题的局限性等原因,建造师的考试只能解决知识结构的问题和一部分相关能力的问题,却很难真实、客观、全面的反映应试者在工程建设中的协调、沟通和管理的能力,因此目前具有一级建造师资格的人员素质,与大型工程项目管理岗位所要求具备的素质仍有一定差距,还不能简单的说具有了一级建造师资格就能够从事相应的工程项目管理工作。参考国外建造师及其它注册人员的考核制度,更多的是侧重能力考核,考试只是其中的一个辅助手段,国外的考核常常包括面试,但在我国,面对庞大的建筑业从业人员,按国外的考核办法运作,无论从客观条件上还是从可操作性上看,都是很难实现的。目前我国的建造师执业资格制度,是对从事工程项目管理的人员,且现阶段主要是针对施工阶段的管理人员设立的一个基本准入制度,具有建造师资格的人员,能否担任某一具体项目的项目经理,还是要由企业根据其个人情况来考核和聘任,还要看业主是否认可。取得建造师资格,只是对项目经理岗位的一个最基本的要求,并不是说,具有了建造师的资格就一定能够担任项目经理。理论上讲,建造师应该具有四方面的能力:一是法律法规的知识能力;二是经济管理的能力;三是技术管理的能力;四是综合管理的能力。在建造师考试试题的设置中,我们力求体现以上四个方面的内容,但目前建造师考试还很难达到理想的效果。

3.建造师的有关政策

设立建造师执业资格制度的几年时间里,我们颁发了《注册建造师管理规定》(建设部令第153号),今年3月1日起一级建造师正式开始注册,在今后的一段时间里我们还会对建造师的继续教育、执业行为和信用建设制定相应的规章制度,尤其在继续教育方面,还要充分发挥各级协会的作用。

为了使建造师专业划分更趋科学化、合理化,2006年下半年我们着手进行建造师专业重新划分的研究工作。2006年12月12日,人事部颁布了《关于建造师资格考试相关科目专业类别调整有关问题的通知》(国人厅发 [2006]213号),根据文件要求,一级建造师专业类别由原来的14个调整为10个;二级建造师专业类别由原来的10个调整为6个。这样调整扩大了部分专业建造师的执业范围,更有利于打破原来执业范围的界限,为企业和个人提供了一个更广阔的发展平台和发展空间。为保证建造师资格考试《专业工程管理与实务》科目各专业类别调整的平稳过渡,我们组织了一级和二级建造师考试大纲的修订工作,提出了重新编制大纲的原则和要求。目前各专业一级和二级建造师大纲修订工作正在紧张的进行,计划2007年3月待人事部审核通过后正式对社会发行使用。对于已按原《专业工程管理与实务》科目相关专业类别报名参加2006年度考试且部分科目合格的人员,在2007年度继续按照原各科目考试大纲的要求,参加其他剩余科目考试;对于在2007年度首次参加一级建造师资格考试的人员,报名时应根据本人实际工作需要,在调整后的《专业工程管理与实务》科目中选择相应专业类别;自2008年度起,一级建造师资格考试报名均应按调整后《专业工程管理与实务》科目的专业类别进行。对于已取得建造师资格证书的人员,在注册时按对应的新专业进行注册,例如取得房屋建筑专业或装饰工程专业建造师资格的人员,在注册时都注册为新的建筑工程专业,不需要再补考新专业内容,执业范围涵盖旧专业中的房屋建筑工程和装饰装修工程。政策上的调整,一方面是听取了行业中同志们的一些反映,考虑到整个建筑市场的发展需求,在专业的设置上,尽量类别少一些、范围宽一些;另一方面考虑到各个专业部门分工负责的现实国情,铁道、交通、水利、民航、信息产业等专业部门都有相应的建设管理职能,所以我们在专业设置上,既要适应现有的管理体制,实现专业调整的平稳过渡,又要能更好的与市场发展相结合。

由工程项目管理PMC模式引发的对建造师执业能力的思考

◆ 唐江华 ，王洪涛

(中国石油天然气管道学院，河北 廊坊 065000)

一、工程项目管理PMC模式

PMC模式是指项目业主聘请一家公司(应为具有相当实力的工程公司或咨询公司)代表业主进行整个项目工程的管理，这家公司在项目中被称为“项目管理承包商 (Project Management Contractor，也简称为PMC)”。项目管理承包商一般应按照合同约定承担一定的管理风险和经济责任。作为项目管理承包商的工程公司，既可以在同一个工程项目上同时承担项目管理承包，又可以承担工程总承包；而作为项目管理承包商的咨询公司则只承担项目管理承包。

1.PMC模式与其他管理模式之比较

项目管理模式一般有三种：一是委托项目管理公司代表业主管理(PMC)，如南海石化项目。该项目的PMC由中外三家工程公司组成，分别是美国的BECTHEL公司、中石化SEI和英国的FW公司。而该项目来自合资企业，合资企业为外方SHELL、中方CNOOC和广东投资开发银行合资的中海壳牌石化有限公司；二是业主和项目管理公司人员组成一体化项目管理队伍(IPMT)，如扬巴一体化石化基础项目。该项目在合资公司总裁领导下，组建以PMC为主的一体化联合管理组(IPMT)负责一体化项目的实施。联合管理组由项目主任组统一领导，主任组设主任一名，直接对合资公司总裁负责，副主任一名和执行主任一名，协助主任工作；正副主任可列席董事会，项目执行主任负责IPMT的日常工作，并对两位主任负责；三是业主自己管理项目(Owner Project Management)，如漕泾乙烯石化工程项目，该项目的管理体制是董事会领导下IPMT负责制。IPMT的人员主要由中外双方业主派遣和支持承包商派出的部分专家三方组成。IPMT的管理工作主要靠双方业主人员担任，支持承包商派出的部分专家担任技术顾问和技术协助工作。

PMC管理模式与其他管理模式(IPMT和OPM)比较，其优越性如下表所示。

PMC管理模式优越性比较表

对比要素	PMC	IPMT	OPM
业主机构	小	中	大
项目管理专业化	高	高	低
项目管理经验	专营，经验丰富	能积累	一次性
项目管理技术	水平高	水平高	水平低
进度控制	能合理交叉	难交叉	难交叉
费用控制	能控制	较难控制	难控制
质量控制	全面控制质量	各管各的质量	各管各的质量
投资效益	好	较差	差
业主管理	省时、省力、效益好	事较繁、效益较差	事繁、效益差

2.PMC模式的阶段划分

PMC模式根据其工作范围，一般可分为三种类型：一是代表业主管理项目，同时还承担一些界外及公用设施的设计、采购、施工工作，这种工作方式对PMC来说，风险高，响应的利润、回报也较高；二是作为业主管理队伍的延伸，管理EPC承包商而不承担任何EPC工作，这种PMC模式相应的风险和回报都较上一类低；三是作为业主的顾问，对项目进行监督、检查，并将未完工作及时向业主汇报，这种PMC模式风险最低，接近于零，但回报也低。

尽管PMC模式可以不同，但各种PMC模式均通常把工程项目分为两个阶段，即项目定义阶段（又称项目前期阶段、FEL或FEED）和项目实施阶段（又称EPC阶段）。当然也可根据工程项目的具体情况划分为三个阶段、四个阶段等，如扬巴一体化石化基地项目（IPS项目）划分为3个建议阶段，分别是项目定义阶段、基础设计阶段和实施阶段。

项目定义阶段指详细设计开始之前的阶段，项目定义阶段包含了详细设计开始前所有的工程活动。而PMC的任务是代表业主对项目进行管理，主要负责的工作项有：项目建设方案的优化；对项目风险进行优化管理，分散或减少项目风险；提供融资方案，并协助业主完成融资工作；审查专利商提供的工艺，包括设计文件，提出项目统一遵循的标准，规范，负责组织或完成基础设计、初步设计和总体设计；协助业主完成政府部门对项目各个环节的相关审批工作，提出设备、材料供货厂商的名单、提出进口设备、材料清单；提出项目实施方案，完成项目投资估算，编制EPC（EP）招标文件，对EPC（或EP）投标商进行资格预审，完成招标、评标。

在项目实施阶段，PMC代表业主负责全部项目的管理协调和监理，直到项目完成，主要负责以下工作：编制并发布工程统一规定；设计管理，协调技术条件，负责项目总体中某些部分的详细设计；采购管理并为业主的国内采购提供采购服务；同业主配合进行生产准备、组织装置考核、验收；向业主移交项目全部资料。

项目定义阶段工作量仅占全部工程设计工作量的20%~25%，但该阶段对整个项目投资的影响却高达70%~90%，因此该阶段对整个项目十分重要。

3.目前采用PMC模式的项目特点

1）项目本身规模大或巨大，工艺技术复杂，要求必须由有经验的专业工程项目管理公司承担。

2）项目业主方（或投资方）的核心业务是生产和销售，没有足够的有经验的项目执行人员，而必须依赖有经验的专业工程项目管理公司。

3）需要有整合各种项目管理资源的能力；需要有整合和管理全球性技术和资源的能力、需要有利于业主融资、降低贷款银行项目实施的风险评价等级的项目。

二、国内建设项目管理PMC模式分析

1.南海石化项目PMC介绍

南海石化项目的PMC由中外3家工程公司（BECTHEL、SEI、和FW）组成，集美国BECTHEL公司的管理和综合能力、英国FW公司在石化领域的丰富

经验以及中方SEI对国内情况的熟悉和人工成本优势为一体,各负其责。

美国BECTHEL公司具有非常丰富的全球项目管理能力和资源,以管理和综合能力见长。在南海石化项目中负责项目执行程序、进度计划、人力招聘、费用估算和控制、采购、建设管理、与业主的关系协调,同时负责乙烯及大部分公用工程的基础设计,BECTHEL在项目管理中处于领导地位。

英国FW公司在化工工程领域具有丰富的工程设计经验,负责质量保证、技术支持以及国外标准规范和大部分工艺装置的基础工程设计的组织工作。FW公司还具有试运行阶段的技术支持能力。

中方SEI熟悉国内工程标准规范,在该项目中负责初步设计文件的编制、与地方政府的协调、国内标准规范和SHELL工程标准的整合,并负责管理部分共用工程和服务性设施的设计、采购、施工管理工作。

2.南海石化项目在项目定义阶段和实施阶段的主要任务

1)项目定义阶段

- 批准完成基础设计及基础设计工艺包(BDEP)
- 完成批准项目供应商名单
- 评估预采购协议
- 设计、采购、施工投标人资格预审
- 实施阶段合同段的打包工作准备/招标/评标
- 准备、审查、确定项目实施预算
- 项目融资相关文件准备和提交
- 精确度为±10%的项目预算
- 建立和审查出口信贷融资方案
- 融资协议谈判
- PMC合同谈判
- PMC联合体组织的建立及管理结构
- PMC联合体之间的经济利益协议
- 业主项目实施规划
- PMC项目执行程序,包括健康安全环境执行程序、工程设计执行程序、采购执行程序、施工执行程序、招标和项目其他业务执行程序。
- 工艺装置设计、采购/设计、采购、施工合同资格预审及EPC招标
- 长交货期设备采购调查和准备
- 政府许可证、审批(包括初步设计审批)
- 环境和社会影响评价
- 土地平整和现场准备
- 政府负责的村民动迁、水、电、公路、铁路、航道设施。

2)项目实施阶段

- 全面的工程详细设计、采购、施工、调试、试运行准备工作
- 健康、安全、环境管理
- 详细设计
- 设备采购、催交、检验
- EP/EPC/C招标
- 合同管理
- 施工管理
- 出口信贷融资管理
- 项目财务管理
- 试运行
- 政府协调
- 可持续性发展
- 项目实施阶段的其他各种协调。

3.中方存在的主要差距

南海石化工程项目管理执行过程中,相对于美国Bechtel这样的国际工程公司,国内工程公司和业主在项目的实施中表现出以下几方面不足。

(1)缺乏工程项目管理(PMC)的工作经验。具体表现在对项目的执行缺乏从投资机会研究、可行性研究、项目定义、项目实施、开车准备、到生产,整个项目生命周期的整体规划和运作执行能力。

(2)缺乏特大型项目全球性资源的整合能力和全球性工程项目管理能力。特大型复杂的工程项目是全球性参与的过程,项目执行过程中业主、供货方、承包商、项目管理承包商具有不同文化背景。尤其是西方的业主,由于文化的差异,国内工程公司在理解业主的要求,贯彻业主意图,满足合同要求的过程中存在很多困难。

(3)缺乏项目管理合同经验。国内大部分公司都没有一体化的工程项目管理模式的工作经验,从业

主对项目管理模式的理解，到工程公司对项目管理模式在投标报价过程、成本加酬金的合同形式、合同的工作范围、合同框架结构和核心条款、PMC的工作方式都比较陌生。

(4)缺乏对先进项目管理工具、项目软件的应用和掌握。如PEFS、三维工厂设计模型(PDMS)、工厂试运行管理 (Win PCS)、项目风险管理系统(Risk-Manager)。

三、对建造师应具备的知识与能力分析

通过对PMC管理模式的认识和南海石化工程项目管理实践，可以得出实施PMC管理模式对相关人员知识和能力的要求应该包括管理、规划、设计、采购、施工、运营和维护等方面。建造师可以作为整个项目的管理者，也可以作为项目某一方面的管理者，考虑到一个完整项目的各个方面是相互制约、有机联系的，作为一个好的管理者，除了具备非常扎实的专业工程理论基础外，还需具备若干年的专业实践经历和比较强的社会能力，具体涉及到以下几方面的知识和能力。

1.工程项目管理知识与能力

1)工程项目的组织与管理

2)工程施工成本控制

3)工程项目进度控制

4)工程项目质量控制

5)工程项目合同管理

6)工程项目职业健康安全与环境管理

7)工程项目信息管理

8)资源整合及管理

9)工程项目风险管理

10)工程项目招投标管理

11)工程经济

12)会计与财务管理

13)工程投资估算

14)项目融资

15)建设工程相关法律、法规。

2.规划方面

1)项目机会研究和项目投资建议

2)项目建设方案优化

3)项目风险评价及优化管理

4)项目预可行性研究、可行性研究

5)项目评估与决策

6)项目定义

7)项目承包方式、招标、评议标、定标

8)从投资机会研究、可行性研究、项目定义、项目实施、开车准备、到生产整个项目生命周期的整体规划和运作执行。

3.设计方面

1)设计定义

2)工艺技术、专利商

3)确定所有技术方案、专业设计方案

4)确定主要设备、材料规格和数量

5)投资估算(准确度约±10%)

6)设计文件审查

7)管理、组织、完成设计

8)协调技术条件。

4.采购方面

1)提出设备、材料供货厂商的名单

2)提出进口设备、材料清单

3)采购管理

4)提供采购服务。

5.施工方面

1)施工方案、技术措施

2)施工标准、规范

3)施工管理服务。

6.运行和维护

1)配合业主运行准备

2)组织试运行

3)组织装置考核、验收

4)整理、移交项目全部资料。

7.社会能力及其他

1)办理政府许可证、审批(包括初步设计审批)

2)环境和社会影响评价

3)土地平整、现场准备

4)政府负责的居民动迁

5)水、电、公路、铁路、航道设施协调

6)项目实施阶段的其他各种内外协调。

建设项目的合同策略与采购模式的选择

◆ 阎长俊[1]，李雪莹[2]，樊士友[2]

（1.沈阳建筑大学管理学院，沈阳 110168；2.沈阳奥祥建设公司，沈阳 110031）

摘　要：论述了合同风险的概念与分类，基于建设项目的合同风险，提出合同策略与合同风险管理的逻辑框架，为开发理想的合同策略提供基础和思路；以不可量化合同风险为基础，介绍了项目采购模式的评估、选择与分类；从承包范围和合同界面管理两方面，比较分析了传统项目采购模式和工程总承包各种采购模式的合同风险；论证了项目采购模式既是提高我国合同管理水平和改进项目风险管理的关键途径，也是提高我国建筑企业核心竞争力，深化我国建筑市场改革的动力。

关键词：合同风险；风险管理；合同策略；项目采购模式；工程总承包

一、建设项目的合同策略与合同风险管理

风险管理是由风险辨识、风险分析、风险响应和风险监控这四个环节所构成的完整过程，前三个环节是风险管理的基础，第四个环节是风险管理的目的。建设项目的风险管理是高层次的项目管理，其目的是降低项目的不确定性，这一特性反映在项目的造价、工期和质量等控制目标及影响这些目标的诸多风险因素上。

1.合同风险

建设项目的全部风险，无论是可预测风险还是不可预测风险，业主应承担的风险，还是承包商应承担的风险，必须而且只能通过明晰、公平、有效的建设合同加以确认并分配给有能力承担风险的项目各方，才能有效地管理建设风险，这是项目风险管理的基础和前提。通过建设合同确认和分配的项目风险称为合同风险，合同风险基于以下要素：

- 由建设合同确立的法律关系，这种关系包括合同各方责任与义务的界定以及建设风险的合理分担；
- 这种法律关系贯穿于项目建设的全过程，从而形成项目管理的程序和轨迹；
- 不同合同之间的界面结构及其产生的不确定性。

合同界面是指不同建设合同之间的界面，例如设计与施工合同之间、设计与供货合同之间、施工与供货合同之间、分包合同之间的界面等。不同的项目

管理模式具有不同的合同界面结构。

为了有效地进行项目的风险管理，二十多年来，多位学者对建设风险进行了系统的分类研究，例如Perry等(1985)根据建设风险的性质对风险进行分类研究，Tah等(1993)从风险源出发，运用层次分析方法研究风险分类。为了开发理想的合同策略，本文将建设风险分为两类，即可量化合同风险和不可量化合同风险。可量化合同风险属于技术风险，这种风险可以运用数学方法加以计算和分析。可量化合同风险包括设计风险、建造风险、工期风险和安装风险等。该风险可以被预测、辨识和控制，例如地基的土壤条件、工程变更和技术标准等。对于任何建设项目而言，不需要也不可能计算项目建设的全部可量化合同风险，应该根据项目环境、项目特征和建设项目的招标文件计算项目建设的某些关键风险或特殊风险。目前，国内外研究者进行的大量风险分析方面的数学建模工作，都属于可量化合同风险。不可量化合同风险属于非技术风险，这种风险不能用数学方法进行计算和分析，而只能通过合同结构与合同条款加以辩识、分析和管理，例如自然风险、政治风险、经济风险、法律风险、金融风险和组织协调风险等。

2.合同策略与合同风险管理

合同策略与合同风险管理主要基于不可量化合同风险，通过合同策略，项目建设的风险可以被降低、转移、分担和管理。本文中的风险即指不可量化合同风险，它是合同风险管理的重点和主要内容。图1说明了合同策略与合同风险管理之间的关系。

合同风险管理包括：项目类型和选址；项目采购模式的比选；项目各方的责任；反应项目变化的灵活性；项目周期；支付方式；承包商的选择(Smith，1999)。选择了一种项目采购模式（Project Procurement Route，简记为PPR)，就是选择了一种特定的组织结构与合同结构。对于不同的PPR，项目的合同界面数目不同，界面的责任也不同。为了主动控制和管理界面，必须从项目的前期策划入手，充分利用合同策略，选择最合适的PPR。

国际建筑市场的经验表明，从项目开始实施，到项目采购、设计和施工等，都涉及开发一个理想的合同策略，以降低项目的风险水平及确定风险控制途径和措施。英国项目管理协会(Association for Project Management of the UK，APM)在项目风险分析与风险管理指南中概括了风险管理的效益，其中之一是风险管理可以导致采用更合适的建设合同条件(APM，1997)。从选择和开发理想的合同条件分析，合同策略包括：

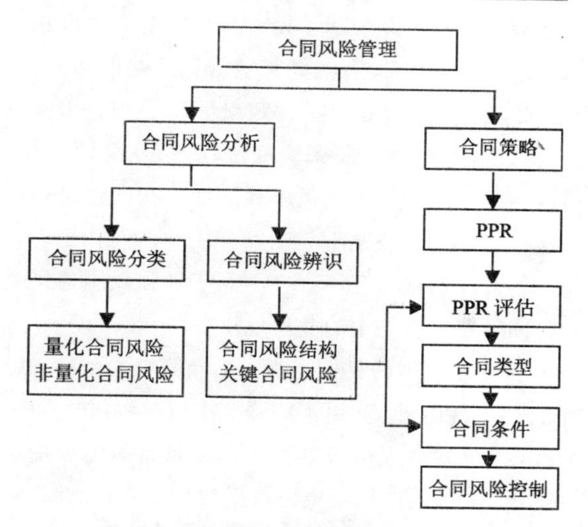

图1　合同策略与合同风险管理框图

- 建筑项目的采购路径(PPR)；
- 合同类型：包括总价合同、单价合同和成本加酬金合同及其各种变体；
- 合同形式：标准合同范本，例如FIDIC合同条件，AIA合同条件等。

PPR是合同策略的基础，它在很大程度上决定了项目的合同类型与合同形式。例如，设计/建造等工程总承包的各种承包模式都采用总价合同，而传统的设计-招标-建造模式既可以采用总价合同，也可以采用单价合同或者成本加酬金合同。不同的项目管理模式具有与其相对应的组织结构与合同结构，只有业主才有权决定选择哪一种项目管理模式。业主选择项目管理模式的过程（通常由咨询工程师完成），在国际上被称为项目采购路径PPR。

二、建筑项目的采购路径(PPR)

项目采购可以理解为建筑市场买卖双方的交易方式或者业主购买建筑产品所采用的路径，PPR的内涵是组织项目建设的基本模式，它确定了项目建设的基本路径和总体框架，并形成合同策略的基础，对业主和项目的成功都是关键因素。同时，项目采购也涉及行业的组织管理、国家的法律规定、合同条件、项目的风险结构及市场需求等方面。我国建筑企业在这些方面的现状都不完全符合国际惯例，主动适应市场开放的能力还不强，不利于加强我国建筑企业在国际建筑市场中的竞争地位。

从项目管理的目标分析，不能简单主张某一种PPR比其它PPR更好，更不应强制推行某种PPR，每一种PPR都已发展成适应某种工程项目特殊需要的组织模式。PPR的选择主要应根据项目的特点、建设环境、风险结构和业主的能力与经验。业主有权决定采用哪种PPR，因为业主最终对项目建设负全责，包括项目融资，确定项目规范，制定关键决策。

1.PPR的评估

项目采购的效果如何与采购方式的选择有着密不可分的关系。不能将PPR误解为项目管理，在不同的PPR下，项目的组织模式、支付方式、风险结构及合同各方的关系等都发生了显著变化，PPR是项目建设前期的重要决策，它在很大程度上决定了项目建设的速度、成本、质量与合同管理模式。对于一个特定的建设项目，某种PPR要比其它PPR更有效，但不存在某一种PPR，对于任何建设项目都优于其它PPR(Franks，1998)。因此，一个有经验的工程师不可能对不同的建设项目都采用同一种PPR。在采用某种PPR之前，应对其进行定性和定量的评估。自1983年以来，国外多位学者和机构应用Delphi方法、专家系统、决策矩阵和组织行为学等多种技术对PPR的影响因素、最佳PPR的选择等问题进行了充分的定量分析与研究。目前，这一研究仍在深化和发展，PPR已成为项目建设前期决策的重要内容和国际通用术语。基于业主的需求，Bennett and Flanagan(1983)，NEDO (1985)等研究了PPR的定性或定量的评估方法，表1归纳总结了这些学者和机构评估PPR所选用的标准。

Singh在1990年提出了PPR定量评估的程序与评估参数，这些参数包括建设速度、项目复杂性、风险结构、质量要求及报价竞争等，这些参数与表1所归纳的标准是一致的。Singh在他的研究中认为，评价不同PPR的参数及其权重可以统一确定，结合业主的需求和这些参数的排序可以对PPR进行优化。

2.PPR的分类

建设项目的特点和项目环境的多变性决定了项目管理的复杂性和项目管理模式的多样性。随着世界经济和科技的迅猛发展，建设项目所涉及的系统越来越庞大，越来越复杂，建筑产品生产过程的不确定性不断提高。自1970年以来，在发达国家的建筑业和国际工程承包市场上，建设项目的管理模式和工程承包模式发生了深刻变化。1960年末，作为对传统建设模式（设计-招标-建造）的改革，设计/建造方式开始在英国出现，该模式在1970年的应

表1 PPR的评估标准

业主需求	Bennett and Flanagan (1983)	Hewitt (1985)	Masterman and Gameson (1994)	NEDO (1985)	Skitmore and ardsen (1988)	Franks (1990)	Tsun-Ip Lam (2001)
1.建设速度	√			√	√		√
2.确定性	√	√	√	√	√		√
3.灵活性	√	√		√	√		√
4.质量	√			√	√	√	√
5.复杂性	√			√	√	√	√
6.风险	√			√	√		√
7.价格竞争	√		√	√	√	√	√
8.责任				√	√		√
9.争端与仲裁				√	√		
10.义务	√	√	√				
11.变革		√					

用和流行对国际建筑业产生了重大影响。近年来，全球业主对建筑业的要求和期望越来越高，希望建筑产品的成本逐步降低，质量逐步提高。与此同时，业主方希望简化建筑产品购买的组织，并希望建筑业能提供范围更宽的服务。为了适应业主需求的新变化，1968年由C.B.Thomsen等人在美国纽约州立大学提出了CM（Construction Management）即快速路径模式，1984年时任土耳其总理的T.Ozal提出了BOT模式。目前在国际建筑承包市场，除了传统建设模式外，还流行多种其它建设模式，如公私合作模式PPP（public-private- partnership）、设计/建造方式、CM模式、MC(Management Contracting)模式和建造-运营-移交模式（BOT项目）等。每种PPR都不是僵死的模式，有的模式是其他建设模式的变体或发展，各种不同PPR的相互界限并不是十分明确（何伯森，1994)。例如BOT模式包括：设计-建造-运营模式DBO(design-build-operate)，设计-建造-运营-移交模式DBOT（design-build-operate-transfer)，设计-建造-运营-维护模式DBOM（design-build -operate-maintain)，设计-建造-运营-移交模式BOOT(build-own-operate-transfer）和建造-租借-移交模式BLT(Build-Lease-Transfer)等(阎长俊，2001)。这些模式体现了市场经济和工程建设自身的客观规律，在国外已得到广泛应用，根据建设项目的特点、建设环境和业主的要求，选择合适的PPR已成为国际惯例。为了便于分析，本文将在国际建筑市场流行的多种项目采购方式归纳为三种：

- 传统PPR(Design-Bidding-Build，D/B/B);
- 建筑工程管理PPR，包括CM（Construction Management）模式、MC（Management Contracting）模式等；
- 工程总承包PPR，包括设计/建造方式PPR（D/B)、交钥匙工程(Turnkey)、EPC(Engineering Procurement Construction)和BOT项目等。

在发达国家的建筑市场，每一种PPR都有特定的合同条件与其对应。为了适应设计/建造方式的应用需要，英国国家合同委员会JCT（Joint Contracts Tribunal）于1981年发布出版了设计/建造方式的标准合同条件，英国土木工程师协会ICE(Institute of Civil Engineers）也在1992年公布了它的设计/建造方式的标准合同条件。为了适应国际工程发展的要求，FIDIC也于1995年出版了FIDIC桔皮书，即设计/建造与交钥匙工程合同条件，1999年出版了FIDIC银皮书（设计—采购—建造模式即EPC与交钥匙工程合同条件）。这些合同条件体现了国外多年项目管理的成功经验，不仅仅是合同主体权利与义务的界定和工程风险的合理分担，而且形成了项目管理的基础、法典和轨迹。

3.PPR的承包范围与界面分析

项目采购是从业主的角度出发，以项目为标的，通过招标投标进行“期货”交易，采购决定了承包范围。承包则是从承包商的角度出发，承包从属于采购，服务于采购。为了说明工程总承包的各种模式，本文用图2定性表示不同项目采购方式的承包范围。然后对这些采购方式的区别与联系作了简要说明。

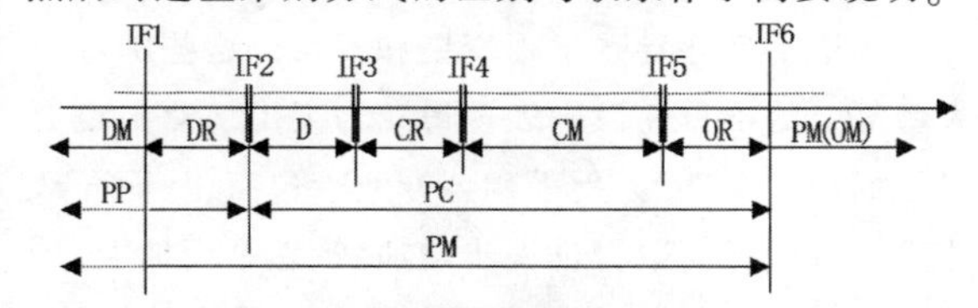

图2　项目周期的主要界面

DM(Development management):开发管理

DR(Design ready): 设计准备

D(Design)：设计

CR(Construction ready): 施工准备

CM(Construction management): 施工管理

OR(Operation ready): 运营前准备

OM(Operation management):运营管理

PM(Property management):物业管理

D/B/B(Design/Bid/Build):设计/招标/建造（传统采购模式）

D/B(Design/Build):设计/建造

PC=Project Control:项目控制

PP=Project Planning:项目策划

PM=PP+PC:项目管理

主要界面：IF1：项目决策（项目开发与设计准备之间的界面）；

IF2：设计准备与设计之间的界面（项目策划与设计之间的界面）；

IF3：设计与施工准备之间的界面(包括设计与供货之间的界面)；

IF4：施工准备与施工之间的界面(包括施工与供货之间的界面)；

IF5：施工与动用准备之间的界面；

IF6：项目动用(项目与企业或物业之间的界面)

(1)传统项目采购模式

形成于19世纪初的传统项目采购模式，在国外称为D/B/B模式，它是我国建筑业普遍采用的项目建设模式。在D/B/B模式下，业主分别采购设计与施工，根据设计文件(施工详图)，通过招标投标选择施工总承包商，负责施工准备和施工管理。业主要承担界面IF1，IF2，IF3，IF5，IF6的管理责任，而承包商只承担界面IF4的管理责任。D/B/B模式只能按设计-招标-施工的路径进行项目建设，设计与施工之间形成界面，这一界面是项目建设的主要界面，它使项目各方沟通不良并导致工程变更和索赔。这些困难在大型复杂的项目建设中表现得尤为突出。业主也可以根据设计文件，分别采购各专业承包商，从而导致业主负责的界面数量进一步增加，管理难度加大，传统建设模式的界面管理对业主是一个严重的挑战。在传统建设模式下，遇到问题时项目各方往往相互推卸责任，而不是合力解决问题，一个设计错误将导致数月或更长时间的工期延误，项目的组织结构需要重新设计，以适应各方之间的信息交流。界面是质量的薄弱环节，项目的质量问题容易在界面产生。我国某省投资3亿元人民币建造的省博物馆，刚投入使用，便发生顶面漏水的严重事故，设计方说责任在施工方，施工方说责任在设计方，问题发生在设计、施工与供货之间的关键界面上。忽视项目的界面管理，将导致不确定性的发生与扩大，极大地降低项目的价值。

(2)工程总承包的项目采购模式

1)设计/建造(D/B)模式

在D/B模式下，业主通过公开招标，选择D/B承包商，并以固定合同总价为基础负责项目的设计和施工。业主直接和承包商发生业务关系，在满足业主项目要求的前提下，承包商对整个项目的成本负责。在D/B模式下，D/B承包商承担主要界面IF3和IF4的管理责任，业主承担其它界面(IF1，IF2，IF5，IF6)的管理责任。由于设计与施工一体化，设计与施工之间这一主要界面被打破，设计方和建造方可以寻求更适合的材料和建造方法，综合考虑预算和工期。工程总承包的各种模式都以D/B模式为基础进行项目建设。因此，设计与建造一体化是工程总承包的核心。为了便于理解工程总承包，图3给出了D/B模式的实施程序。

2)交钥匙工程

如果D/B模式的采购范围向项目前期和后期分别延伸，向前延伸到项目的开发阶段，承包范围包括为业主进行项目融资(融资代理)和土地购置等，向后延伸至完成项目的运营准备。业主接手项目，转动钥匙，项目即可转入运营(如图1所示)。从界面管理的角度分析，承包商要承担界面IF3、IF4、IF5和IF6的管理责任，业主只承担界面IF1和IF2的管理责任。由于业主不参与建设，全部建设风险均由承包商承担。因此，要求承包商具备承包建造Turnkey工程的能力，调动拥有的一切自有资源，采用先进的技术手段和管理方法，实现项目技术、经济、管理和法规的最佳整合，较好地实现项目的控制目标。应该强调的是，每一种承包模式都不是僵

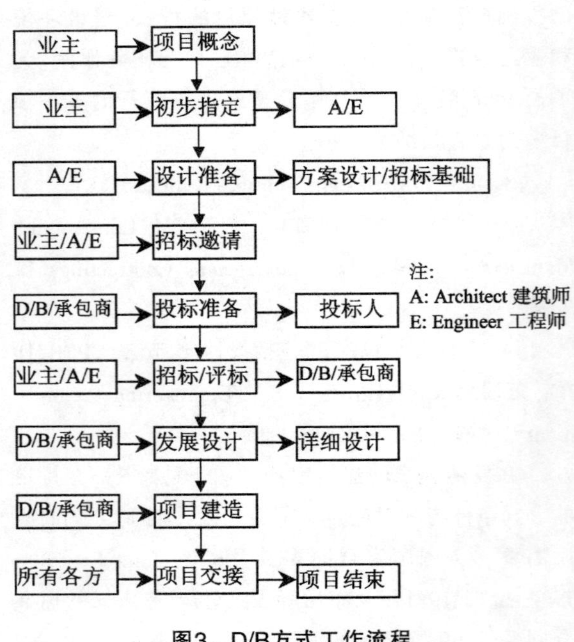

图3　D/B方式工作流程

化的模式。交钥匙工程在美国分为两种，一种是包括承包商为业主进行项目融资（Super turnkey），另一种则不包括承包商为业主进行项目融资(Turnkey)。工程总承包模式消除了设计与施工之间的界面，更趋向于阻止未来可能发生的责任不清和索赔，而不是以尽可能低的成本来完成项目。承包商承担了比D/B/B承包商更大的工程风险，但也获得了更大的利润空间，可以调动承包商充分利用自己技术、经济和管理等方面的才能和经验，努力提高项目的潜在价值。

3)EPC模式

设计—采购—建造模式即EPC（Engineering Procurement Construction)是一种特殊的交钥匙工程。EPC模式主要适用于专业性强、技术含量高、结构和工艺较为复杂且一次性投资较大的建设项目，例如化工项目和能源项目。EPC的Engineering不仅指项目的设计，还包含设备的选型和采购方案的比选等具体工作。EPC采用固定总价合同，合同总价不作调整。承包商承担设计、施工、设备选型、安装调试和运营准备等方面的全部风险。因此，要求EPC承包商具有较高的专业技术水平、丰富的大型建设项目的管理经验。EPC承包商必需充分发挥设计在建设过程中的主导作用，克服设计与采购、设计与施工和采购与施工之间相互制约和脱节的矛盾，不断优化项目的建设方案，实现项目的控制目标和潜在价值。否则将增加实施工程总承包的风险，导致争端和纠纷，例如江苏常州某热电厂项目EPC总承包合同纠纷。该案例说明EPC承包商必须具备EPC项目的承包能力，尤其是界面管理能力，按照FIDIC银皮书的建设路径和组织模式进行项目管理，这是实施EPC项目的基础和前提。如果业主的采购范围进一步扩大，从购买项目本身，发展为购买项目在整个寿命期内的功能与服务，即项目按BOT模式建设，项目公司则要承担项目全部界面的管理责任。目前在国际建筑市场，业主的采购范围越来越大，已从购买项目本身，发展为购买项目在整个寿命期内的功能和服务。

工程总承包PPR的主要特性:

- 采用固定总价合同，合同总价不作调整。业主宁愿支付相对较高的费用，以保证项目的成本和工期在满足功能要求的前提下具有较大的确定性。
- 工程总承包商承担了比D/B/B承包商更大的工程风险。交钥匙工程承包商不仅承担设计与施工的风险，还要承担设备选型和安装调试等方面的全部风险。同时也获得了更大的利润空间，可以调动承包商充分利用自己技术、经济和管理等方面的才能和经验，努力提高项目的潜在价值。
- 工程总承包PPR可以充分发挥设计在项目建设中的主导作用，实现项目的内部协调与沟通，有效克服设计、采购和施工相互制约和脱节的矛盾，应用TQM(Total quality management)进行过程管理，确保项目实施中，不同分部工程、不同专业和不同工作流程在技术标准和规范等方面协调统一，合理衔接。
- 交钥匙工程和EPC项目适合项目的精益建设或者精益交付方式（Lean Project Delivery System，LPDS)，LPDS由项目定义(需求和价值、设计标准和设计概念)、精益设计(设计概念、过程设计和生产设计)、精益供应(生产设计、详细设计和制造与供应)和精益安装(制造与供应、安装和调试与运行)构成，其中设计概念、生产设计和制造与供应是LPDS过程的联结环节。LPDS是降低项目的寿命周期成本，提高项目价值的有效途径。

三、结论

1)从项目开始实施，到项目采购、设计和施工等，都涉及开发一个理想的合同策略，以降低项目的风险水平及确定风险控制途径和措施。从合同条件入手无法开发理想的合同条件，项目的合同结构策划必须重视PPR的评价与选择。只有选择理想的PPR，才能确定与之对应的合同类型与合同条件。因此，应该以合同策略作为重点带动和改善建设项目的合同风险管理。

2)PPR是合同策略的基础，根据建设项目的特点、建设环境及业主能力，选择合适的PPR已成为国际惯例。采用哪一种项目采购模式？哪一类合同？哪一种合同形式？这不是技术问题，而是管理问题。通过对不同PPR的承包范围和界面结构的分析，可以为PPR的选择提供一定的依据。

3)传统建设模式无法发挥设计在项目建设中的主导作用,只能进行系统的外部协调与沟通,而工程总承包可以充分发挥设计在项目建设中的主导作用,实现项目的内部协调与沟通,有效克服设计、采购和施工相互制约和脱节的矛盾。同时,工程总承包适合项目的精益建设(LPDS)模式,可以应用TQM,进行过程管理。我国建筑市场应以工程总承包PPR为突破口,逐步引入和实施新的PPR,从根本上改变我国建筑市场交易方式单一的被动局面。

4)与实施新的PPR相适应,应尽早建立中国的工程总承包合同体系,制定自己的AIA合同条件,ICE合同条件和FIDIC合同条件,改变我国建筑市场合同条件单一的局面,为推行新的PPR创造条件,为建筑业提供更完善的服务,并逐步形成与国际接轨的项目采购模式与合同管理模式。

在中国建筑业,项目采购被称为“项目发包”,“发包”是计划经济的产物,人们已经习惯于传统的项目建设模式和总价包干合同。因此,PPR即是提高我国合同管理水平和改进项目风险管理的关键环节,也是深化我国建筑市场改革的主要动力。

参考文献:

[1]何伯森,国际工程招标与投标[M].北京:水利电力出版社,1994,207-224.

[2] 阎长俊,BOT模式与建设项目采购方式的变革[J].中国软科学,2001.11,62-67.

[3]阎长俊,建设项目管理模式与中国建筑业的改革[J],中国软科学,2002.4,53-58.

[4]Bennett, J. and Flanagan, R. (1983), For the good of the client, Building, 1 April, 26-27.

[5]Bunni,N.G., The FIDIC Form of Contract[M].Blackwell Scientific Publication,1997,386-389.

[6]Franks James, Building Procurement Systems [M], LONGMAN Malaysia, TCP. 1998, 10-29.

[7]Hewitt, R. A. (1985), The procurement of buildings. Proposals to improve the performance of the 儿 industry, Project Report submitted to the College of Estate Management for RICS Diploma in Project Management.

[8]Latham, M., Constructing the Team, Final Report of the Joint Government /Industry Review of Procurement and Contractual Arrangements in the UK Construction [M], HMSO, Publication Center, London, 1994,36 - 38.

[9]Love ,P.E.D. et. al., Selecting a suitable procurement method for a building project [J].Journal of construction management and economics, 1998, 16, 221-222.

[10]Masterman, J. W. E. and Gameson, R. N. (1994), Client characteristics and needs in relation to their selection of building procurement system, In Rowlinson, S.(ED), CIB W92: East Meets West, Symposium, Department of Surveying, University of Hong Kong, December, CIB Publication No. 175, 79-8.

[11]NEDO (1985), Think About Building, National Economic Development Office, HMSO, London.

[12]Perry, J.G. and Hayes, R.W. (1985) Risk and its management in construction projects. Proceedings of the Institution of Civil Engineering, Part 1, 78, 499-521.

[13]Singh, S. (1990), Selection of appropriate project delivery system for construction project, in proceedings of CIB W - 90 International Symposium on Building Economics and Construction Management, Sydney, Australia, pp. 469-80.

[14]Skitmore, R. M. and Marsden, D. E. (1988), Which procurement system? Towards a universal procurement selection technique, Construction Management and Economics, 6(1), 71-89.

[15]Smith, N. J.(1999), Managing Risk in Construction projects[M],Blackwell Scientific Publication,111-113.

[16]Tah,J.H.M.,Thor,A.and McCaffer,R. (1993) Contractor project risks contingency allocation using linguistic approximation. Computing System in Engineering,4(2-3),281-93.[16].

[17]Tsun-IP, L. Mei-Yung, L. Yue-Wang, W. and Sai-on, C. (2001), An analytical hierarchy process based procurement selection method, Construction Management and Economics, 19, 427-437.

关于工程建设推进“绿色施工”的思考

◆ 肖绪文，王玉玲，谢刚奎，王青水

（中国建筑第八工程局，上海 200120）

摘　要：本文针对当前“绿色建筑”蓬勃兴起的形势，提出了“绿色施工”的概念，并从制约“绿色施工”的要素分析入手，重点阐述了建筑企业实施“绿色施工”的思路、方法和推进措施。

关键词：绿色建筑；绿色施工；四节一保；施工的绿色化改进

一、问题的提出

建筑是供给人类生活生产和活动的人造空间，是建筑企业按一定要求、一定规律，将各种材料进行化合和组合所形成的以一定形态而存在的各种特殊功能空间。在这种特殊产品的生产和运行中，建筑业耗用了人类从自然界中获取原材料的50%以上，消耗了全球可利用能源的50%左右，建筑污染占到了空气污染、光污染、电磁污染等各种污染的34%，并排出了人类活动产出垃圾的40%。可见，倡导建筑施工和运行中的绿色性能，对于控制资源消耗和环境污染是何等重要！

建筑在全生命周期的运行期内，是一种“存在状态”，由于其“运行周期”相对于“施工周期”很长，所以，建筑能否节能、节水、节地、节材和保护环境是重要的。建筑施工周期虽然相对较短，但其对自然形态的影响却往往是突发性的，对于资源和能源的消耗也是非常集中的。因此，在施工期内粉尘、噪声、污物的控制，资源和能源消耗的减少是至关重要的。所以，相对于“绿色建筑”，“绿色施工”更显得重要。

二、“绿色施工”的概念

推进“绿色建筑”的目的是为人类提供舒适、健康、安全的居住、工作和活动空间，“绿色建筑”要求在建筑的全生命周期内（物料生产、建筑规划、设计、施工、运营维修及拆除过程中）实现高效率地利用能源和资源（土地、水、材料）和最低限度地影响环境。其含义有两方面：第一，从效果特征上看，绿色建筑对于使用者来说，应该是舒适、健康和安全的；第二，从运行特征上看，绿色建筑对于社会来说，应该是资源节约和环境友好的。这个定义体现了结果和过程的统一、目的和手段的一致，是对绿色建筑的准确描述。

“建筑施工”是建筑产品生产过程中的重要环节，是建筑企业组织按照设计文件的要求、使用一定的机具和物料、通过一定的工艺过程将图纸上的“建筑”进行物质实现的生产过程。“绿色施工”实质上是以保持生态环境和节约资源为目标，对工程项目施工采用的技术和管理方案进行优化，并严格实施，确保施工过程安全和高效、产品质量严格受控的方式方法；具体地说，就是在保证施工过程安全文明高效优质的条件下，做到“节能、节地、节水、节材和环境保护”。所以，“绿色施工”不再只是传统施工过程所要求的质量优良、安全保障、施工文明、CI形象等，也不再是被动地去适应传统施工技术的要求，而是要从生产的全过程出发，依据“四节一保”的理念，去统筹规划施工全过程，改革传统施工工艺，改进传统管理思路，在保证质量和安全的前提下，努力实现“施工过程中降耗、增效和环保效果的最大化”。

可见，“绿色建筑”与“绿色施工”虽然分别体现了建筑在运行和生产两个阶段的绿色要求，其目的都是为了达到资源的最高效利用和对环境的最有效保护，但绿色建筑强调的是建筑造型、用材的环保和节约原则，强调能源的高效利用，而绿色施工着重于施工过程的环保和节约的有效控制，二者密切相关却又各有侧重：

1.绿色施工可以促进绿色建筑形成，但绿色施工不一定能保证绿色建筑的形成，比如绿色施工能严格控制用材的绿色指标和设备的“四节”指标，然而，既定建筑空间和系统设计有违绿色原则的情况却不宜自主改变。

2.“绿色建筑”未必一定要“绿色施工”，但不“绿色施工”肯定会给“绿色建筑”造成缺陷，甚至会影响绿色建筑的形成。

3.绿色施工水平愈高，对生态大环境的影响愈小，相反绿色施工水平愈低，对生态大环境的破坏就愈剧烈。相对于绿色建筑，“绿色施工”对大环境的影响更为突出，时间更为集中。

4.绿色建筑与绿色施工是构成绿色建设、绿色物业的关键所在，两者必须同时实施才能取得系统的良好绿色效果。

三、制约绿色施工的要素分析

1.标价过低制约绿色施工的推进

在市场经济条件下，绿色建筑概念与实际操作常常存在着被扭曲的现象。例如，在房地产市场上，用户通常只关心他所购买的住房是否安全健康、居家是否舒适、使用是否便利等等，而房地产商因此也大炒“绿色建筑”的概念，把建筑楼盘的环保性、生态性等不切实际地加以渲染，但他们眼中的绿色建筑实际是片面的，忽视了施工过程是否环保、是否节约、是否绿色，开发商实际关心的只是如何用绿色外表掩饰其收益最大化的目的。而对于生态环境影响更大的施工却很少有人问津。事实上，施工过程是否绿色对节能降耗和生态环境的影响非常明显，对资源的消耗也非常惊人。对于施工企业，绿色施工往往意味着可供的选材范围更小、材料成本更高，可供选择的工艺更加受限，施工的投入成本更高，却没有相应的补偿，其结果必然是绿色施工在市场和现场上的淡出。

解决这种绿色建筑与绿色施工失衡的矛盾，必然要求政府参与调节。只有让非绿色施工的社会责任成本更高，让实施绿色施工的企业收益得到保证，才能真正形成有利于促进绿色建筑和绿色施工良性发展的长效机制。

2 .现行建设管理体系制约绿色施工推进

当前国际上较为流行的是设计-采购-施工总承包模式，该模式为总承包商在更大范围和更大跨度内，灵活地进行系统资源优化和统筹提供了可能，为全面履行绿色施工的总承包商创造了良好条件，因而使绿色施工得到了切实的落实和认真的贯彻。

而在国内的建筑市场上，沿着建筑产品产业链上存在着投资、设计、施工、供应多个环节上的纵向分割局面，工程项目被严重肢解，总承包商成了事实上的摆设，受到来自各个相关方的制约，工程总承包商要想依据施工情况进行调整和变更极为困难，系统外的调整涉及到多方利益关系，协调成本高，优化组合难以实现，绿色施工受到很大制约。

3.总体工业水平影响绿色施工水平

建筑施工是建筑的生产过程，其目标产品是建筑；生产要素包括土地、物资、设备和人；生产依据的是设计图纸；生产方式是通过系统的人力组织，用一定的设备，在给定的土地上，使用市场供给的物资，按照一定的流程，生产出预想的“建筑产品”的加工过程。可以看出，建筑业技术进步主要依赖于诸如新材料技术、新能源技术和新的生产装备制造技术等其他行业的先进技术的横向转移和渗透。在一定意义上讲，这些行业的技术水平决定了当时当期建筑施工的技术水平。

正是由于建筑施工所具有的土地附着性、材料加工性、设备的依赖性、技术移植性和劳动密集性等特点，决定了绿色施工改进的主要方向只能从建筑行业的实际出发，一方面广泛关注相关行业(例如环境工程、新材料、新能源等等)的科技发展动态，寻找可以为绿色主题服务的技术创新和技术引进；另一方面在建筑业自身范围内对传统的资源利用方式和生产组织方式进行绿色审视、批判和改进。简言之，就是要从技术和管理两个方面着手，进行施工工艺方式和施工生产管理体系的绿色化改进，并尽可能地实现技术和管理在“绿色施工”这一主题下的完美结合。

四、实施“绿色施工”应对“传统施工”进行系统改进

推进绿色施工是一项宏大的系统工程，必须对传统施工管理思路和方法进行全面的系统变革，才能得以实现：

1.推进绿色施工是对传统施工的一次系统变革

(1) 绿色施工应以绿色为主题，以节约资源能源、减少环境污染为主要内容。更具体地讲，就是贯彻节能、节水、节地、节材和保护环境的原则，即“四节一保”的原则。

(2)绿色施工应以信息化、智能化为支撑，以企业管理的精细化、科学化为契机，以国家发展战略和行业发展政策为行为导向。

(3)绿色施工以对现行管理规范、标准规程、政策法规、市场环境、行业面临的主要问题、行业发展现状及趋势等信息进行广泛收集和全面了解，这是推进绿色施工的客观前提。

(4) 绿色施工要把寻找非绿色施工的影响要素作为突破口，这是推进绿色施工的逻辑起点。对不同的施工过程、施工工艺、作业流程、施工影响、危险源等不同对象进行划分，进而确定相应的绿色施工方案和措施。

(5)绿色施工作为一个系统工程，必然要求推进者具有全方位和全系统的推进思路，应贯穿施工生产的全过程和企业管理的各层面，要求系统的各个分部、各个环节和各种机制之间实现协同，充分发挥整体效能。

(6)绿色施工应以施工技术为主要研究对象，对施工的各阶段、各环节、主要工艺、作业流程、技术装备等各方面进行系统的研究，从施工过程出发，找出施工生产的规律，把握施工生产的特征，分析施工生产的要素，改革分部分项工程施工工艺，研究施工生产的特殊性，才能有效推进绿色施工。

2.企业推进绿色施工，技术研究必须先行

作为企业，欲推进绿色施工必须从“我”做起，首先推动绿色施工技术研究。

(1)研究范围：

- 企业技术工作体系、工作机制和工作流程的绿色审视和再造
- 绿色施工管理体系的研究和施工图设计、施工组织设计和施工方案的绿色优化
- 建材、施工工艺、建筑和施工设备等的绿色性能研究

(2)研究思路：结合建筑这种特殊产品的生产工艺特点，对其全过程和施工组织的非绿色因素进行全面、系统的科学分析(这种分析应以大量的调查统计数据为基础、以广泛的座谈交流资料为参考、以价值工程理论为分析的思想方法)，找出对绿色目标起显著影响的主要变量或关键环节，进而找到可改进的空间和领域，并确定技术工作的突破方向、对象和环节。

(3)研究方法：绿色施工技术研究应对传统施工技术进行消化、改良，进而进行管理和技术的集成，最终回归绿色施工实践、指导绿色施工。

(4)参考与借鉴：绿色施工研究要以业已成熟的环境工程技术(污染防治和回收再利用技术)，新材料技术，新能源技术，运筹管理科学，信息管理技术，智能控制技术和国内外同行及相关行业的积极成果和有益经验作为参考和借鉴。

3.企业推进绿色施工，管理体制必须创新

(1)目标牵引：首先要研究制定《绿色施工评价指标体系》；其次要加强环境影响评价和资源、能源

耗用效率评价；再次要加强绿色施工管理的要素分析；此外应及时修正企业管理目标体系，形成面对绿色的目标牵引。

(2)转换机制：建立健全绿色指标体系，进行有效的目标分解并落实到具体的职能部门，同时将其纳入现有的绩效考核指标体系，形成面向绿色的激励约束机制。

(3)强化教育：更新理念、提高认识，营造绿色施工氛围，提升项目管理水平。

(4)加强过程控制，加强过程控制可从以下几个阶段着手：

- 组织计划阶段：加强施工组织设计深化设计、具体施工方案的优化审核和组织安排。
- 实施执行阶段：加强指挥和引导、强化监督和控制。
- 事后评价阶段：赏罚分明、令行禁止，强化激励约束、明确指导方向。

(5)优化现场管理：优化现场管理的重点是对场内交通、生产生活设施、物料堆放、用水排污、用电及保护等方案进行优化。

4.推进绿色施工应从查找非绿色因素着手

绿色施工应从查找施工工艺过程中存在的非绿色因素着手：

(1)在施工现场，查找非绿色因素的主要表现：

1)大气污染：悬浮颗粒物、挥发性化合物有毒微量有机污染物

2)水污染：特殊的施工生产工艺中产生的固体或液体垃圾向水体的投放

3)固体废弃物污染：特殊的施工生产工艺中产生的固体或液体垃圾向土体的投放

4)噪音污染：施工机械的噪音分贝控制和施工作业时间的选择或施工工艺的改进

5)光污染：玻璃幕墙反光、夜间施工高亮度灯光的外照等

6)室内空气污染：不健康的有机装潢涂料、地板、壁纸和吊顶等

7)污染的末端治理系统的缺位或运营不善

8)管理薄弱导致的质量事故从而引致返工的重复劳动和材料浪费

9)工艺技术落后导致的资源要素利用率低下

10)施工物资采购时机过早或过迟导致的资源闲置

11)施工物资的库存管理和资源的回收再利用管理不善导致的资源损失

12)进场设备和物资管理不善，造成占地过大

13)现场水源管理欠当，造成水资源低效使用甚至无端浪费

(2)在项目实施中，查找生产流程和管理体系中非绿色因素的主要表现：

1)对建筑设计的绿色审查和意见反馈不深入不及时

2)施工组织设计和关键施工过程的施工方案的选择欠当

3)物资采购策划不细，绿色意识淡薄

4)施工过程中的全面监控力度不够、措施不力表现在如下三个阶段：

- 施工准备——绿色意识不强；
- 施工实施——施工措施的针对性和实施性不强；
- 产成品保护——策划不细、落实不严。

5)施工完成后的经验总结、效果评价和改进意见不够深入，经验和教训内容不具体实施性差。

总之，绿色施工必须基于非绿色因素分析，查找非绿色表现，认真探索内在原因，从建设体制角度、施工管理角度、工艺技术角度制定切实对策，使管理的各环节、工艺技术的各要素都能切实受控，绿色施工就能真正得到实现。

参考文献：

[1]中华人民共和国建设部.《绿色建筑评价标准》，2005.

[2]中华人民共和国建设部.《绿色建筑技术导则》，2005.

[3]ISO14000环境管理体系.

[4] 仇保兴.《建立五大创新体系促进绿色建筑发展》，2006.

[5]汪光焘.《大力发展节能省地型建筑建设资源节约型社会》，2006.

浅析民营施工企业内部管理问题及改进措施

◆ 潘黎峰，潘　雷

在上世纪90年代建筑市场激烈的竞争和市场经济的挑战背景下，一部分民营施工企业把握机会，以占领其周边建筑市场、周边道路建设为切入点，主动出击，逐步发展成各地具备相当实力的中型及大型建筑施工企业。

但是自2003年起，在国家逐步加大调控力度，连续出台了一系列提高资本金比例、紧缩银行贷款、全面清理固定资产投资项目等宏观调控措施出台后，这些外部不利因素对施工企业产生了一定的负面影响。一是建材价格上涨，尤其钢材、水泥的价格不断攀升、砂石料的价格上涨，使施工企业原材料的资金支付远远超出预算；二是国家对固定资产投资项目的全面清理整顿和国债投资项目进度放缓，导致新建开工项目增幅减少，使施工企业工程量相对减少；三是国家紧缩银行贷款，有效抑制固定资产投资过快增长，使施工企业资金链受到影响，资金周转将进一步缓慢，清欠工作有可能出现反弹；四是最低价中标模式的推广使用，一般采用"无标底"模式，以期引入最充分投标竞争，实现招标价值最大化，迫使施工企业不得不迎接低价中标的挑战。种种外部原因使施工企业的发展放缓，个别指标甚至出现下滑的局面，笔者从施工企业内部管理入手，从实际出发，提出此类企业普遍存在的问题，并有针对性地提出改进措施，以期它们获得长足、稳定的发展。

一、存在的问题

1.基础管理薄弱，缺乏核心竞争力

(1)民营企业弊端比较突出

我国的民营施工企业普遍存在结构比较单一；核心竞争力不突出；存在家族制意识浓厚、近亲繁殖的现象；存在独裁专制的工作作风；多元化经营盲目；资金、投资、项目等基础管理薄弱，管理制度不完善；粗放式管理导致产值上升、效益下降；企业缺乏凝聚力和认同感，忽视知识更新等等。

(2)急功近利思想严重，管理不完善

因建筑施工企业，大都只生产或经营一种或少数几种产品，组织结构相对简单，管理方式较为单一，在此情况下，企业为了生存，不被残酷的市场所淘汰，只能更多地考虑企业当前的位置和现状，忙于追求自己的短期利益，并到处揽工程，对于相对较为注重长远利益的项目管理则无暇顾及。

当企业在短期做大后，企业主要精力集中在经营和利润上，轻视管理工作，规章制度不健全，管理不规范，管理层次不清，没有形成一套系统、完整、及时的管理体系，各方面不同程度地存在不少漏洞和问题，并且浪费现象严重，无形中削弱了企业的战斗力，影响了企业正常施工能力的发挥，致使职业发展后劲不足。

(3)墨守陈规，管理深度不足

由于我国长期实行建筑设计与施工分开单项承包管理模式的影响，使得设计与施工相脱节现象比较严重，造成了建筑施工企业在理论研究与施工实际结合方面的欠缺，照葫芦画瓢的单纯施工行为严重弱化了施工企业对科学技术的依赖心理。加上旧有的管理方式和管理办法，使能够提高效率和发挥优势的机械设备更新速度慢，管理水平低，各项维修、保养制度不能很好地贯彻落实，机械设备的完好率、利用率和出勤率得不到保证，应有的能力发挥不出来，导致机械化施工水平低，劳动生产率长期低水平运行。

(4)行业的特殊性

建筑施工企业的施工管理较其它项目管理具有复杂、多变、难度大、管理结果难以定量描述等特征，导致这些特征的原因就在工程项目施工自身的特殊性。主要有：一是建筑工程项目是一次性的，不同于工厂式的重复生产，施工企业必须以工程项目为对象逐个组织生产；二是一般工程项目投资巨大，工期长(至少1年以上)；三是建筑工程项目一般布设在室外，大型项目一般分几个标段，各自面对不同的问题，对项目施工影响大；四是施工管理的组织机构一般是临时性的，随工程项目的确定而产生，一般项目部完成便撤消，管理组织机构的设置也随不同项目、不同项目实施时期的要求动态变化、组合；五是组织施工的各生产要素各有其特点：建材需求大、设备投入大、劳动力需求量大等；六是各工程实际情况与地质勘测存在差别、设计深度不够等原因也会导致工程变更的情况较多，超出预算的情况经常发生。

2.粗放经营，缺乏集约管理能力

由于施工企业的施工队伍多采用民工，施工队伍的构成和水平参差不齐，导致企业粗放经营，现场粗放管理，而且企业沿袭计划经济条件下的思维定势，套用传统的施工方法，劳动生产率较低，存在材料浪费的现象，机械设备使用效率不高，施上技术含量低，企业又舍不得在管理和技术创新方面投入，人力、物力、技术进步缓慢，整体水平低下。

另外此类施工企业一部分项目的运作模式是按照固定的比率提取管理费后，余下的结算款全部外包给施工队。在这样的模式下，各项目部变成了利润中心。企业虽然不会承担因管理不善和其它原因造成亏损风险，但同时也失去了获得超额利润的机会，这样企业的积累速度就会很慢，长此下去就会被同行业甩在后面。而且这样的机制还会导致企业盈利的多少和企业各职能部门人员的工作绩效没有自接的联系，长此下去就会失去积极性。各外包施工队一般都是农民包工队，其管理人员的素质一般都较低，因此经常发生工期拖延、标准降低、现场管理混乱、浪费严重等现象，进而影响企业的外在形象。

3.人才结构不合理，存在浪费现象

(1)组织结构不合理，人力资源存在着浪费现象

一般来说，施工企业普遍存在公司、项目部对工程的双重管理，这样的结构是以加强管理作为出发点来考虑的，但在实际运作中，公司的职能管理最终也是要经过项目部的职能人员来下达，这就有可能造成了施工中如有问题公司层职能人员不指出，项目部人员也就不说的现象，实质还是一层管理，有时还可能出现互相推诿的现象。

(2)人力资源缺乏，人员素质普遍偏低

建筑业是劳动密集型产业，露天、外部作业，生产环境差，危险性大，技术要求较低，实现原始资本积累成本很低，行业准入几乎没有门槛，是农村剩余劳动力最易进入的一个行业。据有关统计结果，建筑业从业人员中的80%是农民工，因此客观上影响了员工队伍素质的提高。

(3)科技人才匾乏

一方面，建筑施工企业工作条件差，劳动强度大，作业不安全因素多，同时，加之社会导向的原

因和个人价值取向的不同，相当数量的大学毕业生不愿到施工企业工作，使建筑施工企业高级技工和工程技术人员普遍短缺。另一方面，民营企业,长期以来没有形成一套科学、适用的培养、选拔、使用科技人才的办法,也没有一种吸引人才、能够留住人才的策略，家族式管理使相当一部分大学毕业生心存临时观念，不能建立与企业实现“双赢”的信心。

4.缺乏科技意识,忽视现代管理技术

(1)施工管理不规范,技术比较落后

一是J公司对施工技术的规整、管理工作不够科学和规范,未能系统地将施工实践中成型的技术经验、技术成果及时转化为标准化的施工工艺和施工方法,并加以利用;二是企业的施工技术策划模式已落伍，多年形成的那种采用施工技术措施、技术方案作为施工技术工作开展依据的做法,其弊端愈益显现。

(2)不重视网络计划技术的应用

在施上项目的实施过程中，许多项目管理人员,甚至企业的部分高级管理人员对网络计划技术存在着一些偏见。一种说法是编制网络图费时费工,还极易出错,另一种说法是网络计划“网”不住,容易突破。目前,大多数企业项目的进度计划的编排和控制还停留在绘制横道图的水平上,凭经验安排计划。

总之，这类施工企业的综合实力和素质低效率运行,核心竞争能力的缺乏,可能面临被兼并和淘汰的危险,这是企业必须正视的问题。

二、改进措施

1.管理对策

(1)尽快建立一套与国际接轨、富有民营施工企业特色的管理制度,通过项目法人管理,抓现场施工，相应建立制定目标成本制度、技术管理制度、质量管理制度、人力资源管理制度等等基本管理办法。同时,也要结合企业自身实际,加大改革力度,以建立科学规范的现代企业制度为突破口,尽快提高企业的经营管理水平，缩小与大企业的差距，建立健全市场经济要求的与国际惯例接轨的具有科学决策、监督制约、内部激励、自我发展和自我约束的运行机制，以达到提高企业自身能力的目的。

(2)建立以项目经理部为中心的项目经济承包责任制。把某一项目的全部工程或某一单项工程或分部分项工程从开工到竣工包括缺陷责任期在内的全过程施工管理的经济承包责任制。经济承包责任制按照责、权、效、利相结合的原则,主要从工程量、工期、质量、施工安全、利润、工资总额以及其他指标(如治安保卫、文明施工)等指标进行考核,将各指标尽量量化,进行严格的承包考核、审计与兑现,进而充分调动项目部的工作积极性,促进项目的顺利进行。

(3)大力推行项目法施工。项目法施工是特定历史条件下的产物，是中国施工企业独创的符合生产力规律的企业管理模式。项目法施工按照企业项目的内在规律，通过对生产诸要素的优化配置与动态管理,实现项目合同目标,提高工程投资效益和企业综合经济效益的一种科学管理模式。此方法的主要特点是:项目经理责任制;在项目独立核算下不同层次的经济承包责任制;管理层和作业层的两层分离;生产要素实行动态优化组合;按科学方法组织施工。项目法施工可以有效减少行政管理层次，放开施工生产要素固定化配置体制的束缚，提高项目施工水平和盈利空间，建立起适应市场经济的企业内部新机制等具有重要的作用。

2.经营对策

(1)要立足现有市场,不断拓宽领域,以合作、重组以及兼并为手段进一步提高市场占有率，逐步向项目管理型企业发展,增加新的经济增长点,加快企业低成本的扩张，加强与有投资融资能力的企业合作。必须清醒的认识到,与大型企业争吃“蛋糕”还不如独自啃“小饼”,关键是如何把握市场的定位,看准市场的发展,明确经营的方向。

(2)合理确定项目的经营规模

根据工程的实际,合理确定项目的经营规模,对企业的优势产品、施工能力和技术水平比较强的对口项目.应该采取扩大规模,形成“拳头产品”;对于劣势产品、技术和装备水平不高的项目,适当控制其规模。

一般采用成本效益分析法来确定，设施工企业的总收入函数为R(X)，总成本函数为C(X)，利润函数L(X)，X为企业在建工程总面积或公路施工总里程。

那么：$L(X)=R(X)-C(X)$

在上式中，令$L(X)=0$，则可求出盈亏平衡点X_0，令$dL/dX=0$，则可求出最佳的经营规模值X_1。但是，由于种种条件的限制和数学模型描述的不完善性，让企业保持在“最佳经营规模点”是不现实的，也是不合理的。因此，可在X_1点左右，加减$\triangle X$，把$(X_1-\triangle X, X_1+\triangle X)$区间定义为企业合理经营规模的范围，作为企业决策的参考依据。$\triangle X$为合理经营规模区间的半径，只要企业的经营规模在此区间内都是合理的，$\triangle X$的大小可根据企业的技术水平、机械设备及人员规模来确定，如图1所示。

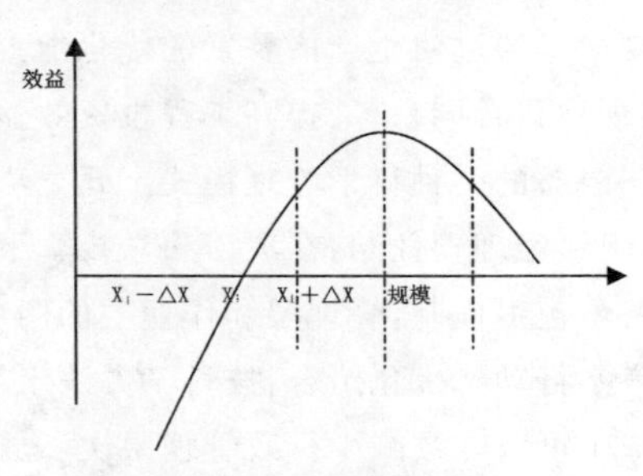

图1　项目的合理经营规模

3.人力资源对策

(1)人力资源管理的目的是使人的使用价值达到最大。施工企业属劳动密集型产业，不像智力密集型高科技产业那样需要聚集大量的高层次人才。人才的组成结构和梯次比例是否合理才是施工企业人力资源配置的关键。因此，人员的学历层次结构和技能层次结构应该是金字塔形的，即大学及以上、大专、中专和中技学历的人员及决策层次、管理层次、操作层次的人员比例应依次增大是最合理的。

(2)加强对内部人才的发现和培养，完善人事制度，特别是民营施工企业更要制订出一套人才管理的办法，想方设法留住人才，逐步建立起职工培训机制和改善人才管理方式，通过自学、内培、外培方式，给员工更多的成长机会，提高现有人员的综合素质，真正做到“人尽其用、才尽其用”，以建立起“事业留人、感情留人、待遇留人”的人才管理新体制。

(3)着力塑造吸引人才，留住人才的企业文化氛围，创造有凝聚力和持久生命力的企业文化，形成一种员工甘愿与企业共存共荣，主动地为企业做奉献的人文环境。一是要形成到知人善任、任人唯贤的良性机制；二是要夯实凝聚人才的土壤，将待遇留人、事业留人、环境留人、感情留人相结合，建立起良好的人力资本激励机制，使其利益得到应有的保证；三是要在员工中形成一种活到老、学到老的学习氛围，倡导工作学习化，学习工作化；四是要在发展过程中形成企业自身的特色，铸造自身的品牌。

4.技术对策

(1)全面推进网络计划技术，本着循序渐进、先易后难、注重实效的原则，逐步抛弃传统的凭直觉管理的方式，稳步推进网络计划技术的应用。从工程规模上讲，先从较小的工程项目或分部分项工程做起，逐步积累和总结经验，同时还应慎重地选择工程项目，充分证明执行网络计划的工程既省事且效益显著，增强人们应用网络计划技术的信心；从编制和调整深度上讲，应先粗后细，逐步深入，不断积累管理所需的信息，形成规范的信息收集、整理、统计和加工方法；从应用方法上讲，学习使用网络计划的相关软件进行项目计划的编制与调整等。

(2)加快企业科技进步，走“科技兴企”、“质量兴企”和“品牌兴企”的发展路子。企业在施工管理中力求做到高速、优质、低耗，强化科技和管理的主导作用，积极主动运用现代化管理方法和科技，树立企业品牌，大力提倡并应用高新技术、先进的施工工艺和建设材料，以求创建更多的精品工程，获得最佳的投入产出效益。

(3)加大创新的力度，从目标创新、技术创新、制度创新、组织结构创新、环境创新等方面进行创新，进一步强化和推进项目管理，实现企业内部组织结构跨世纪的优化升级，快速地适应科技、经营、市场环境的变化，探索出一条适合我国国情和融合中国惯例的民营施工企业管理体制和运作模式。

印度工程建设市场风险及其规避

汪登奎[1]，李会均[2]

(1.中国石油天然气管道局国际事业部商务部，河北 廊坊 065000；
2.中国石油天然气管道学院经济管理系，河北 廊坊 035000)

摘　要：随着经济的快速发展，中国的工程承包商在国内完成了原始积累，同时国内工程建设市场的竞争加剧，不约而同地将目光瞄向了世界。经济正在腾飞的印度逐渐成为目标市场之一。印度基础设施的发展计划更是为工程建设承包商提供大展宏图的广阔舞台。然而，印度工程建设市场是机遇和风险并存。如何识别各种风险及如何规避风险就成为中国工程建设承包商在印度成功与否的关键。

关键词：工程建设；市场；风险；规避；签证；项目注册

中国的承包商把目光投向经济腾飞的印度的同时，必须真正明白印度工程市场是淘金场还是滑铁卢。因此如何发现市场的风险和如何规避风险成为一个迫切需要解决的问题。

1　印度工程建设市场前景

随着九十年代的经济改革，印度以惊人的发展速度，一跃成为世界经济发展最快的国家之一，是亚洲第四、世界第十二大经济体。

目前印度的经济已经进入快速的发展时期。据投资银行高盛银行预测，未来的几十年，印度将以5%~6%的速度高速发展。但是目前印度基础设施相当落后，2005年瑞士洛桑国际管理学院发布的《世界竞争力报告》中，印度基础设施的竞争力排在全部60个国家当中的第54位。印度在道路、电力、通信等方面严重落后的局面已经成为印度经济的发展和招商引资制约因素。因此印度政府未来10年发展计划中，把加快基础设施建设放在突出位置。公路、铁路、港口、电力、管道工程和石油设施建设市场都有很大的市场空间。

2　印度工程建市场的风险

印度工程建设市场的潜力巨大，同时风险较大，可谓机遇和挑战并存。在参加了管道局承建的印度东气西输管道工程的，笔者亲身经历了和感受印度工程的市场和风险。

印度有相对健全的法律体系和较为完善的市场经济体制，招标相对规范。印度工程市场向外国企业开放，不要求参加投标的外国公司在当地注册，外国公司可以直接或者与当地公司组成联合体投标，因此中国承包商很容易参与印度工程的招标。

然而，印度政府对中国的企业存在偏见，特别是敏感领域,例如电信、能源行业。目前中国,伊朗,巴基斯坦和孟加拉国的企业在印度的投资受到额外的严格的审查。因此,项目存在政治方面的风险,在工程项目中的体现就是项目注册、签证风险。其他方面的风险主要要有分包风险,汇率风险等。

根据印度的法律外国公司只有注册项目公司才能实施工程项目。但对于中国的承包商,由于政治原因,项目注册是一个很大的难点。没有项目公司的注册,工程的实施也就没有合法的实施主体,项目不能实施的。因此项目公司的注册成功和及时与否成为承包商承揽印度工程的最重要的风险。

印度政府规定外国公司可以以三种形式在印度从事工程建设服务活动;第一种方式是在印度建立办事处。这种办事处须经过印度储备银行审批设立。办事处可以从事且只限于从事信息收集,进出口或者技术,商务金融合作宣传。

第二种方式是建立项目公司。印度法律规定,国外的企业要在印度境内实施特定的工程,允许在印度设立一个临时的项目公司。该项目公司只能进行与这个项目相关的商活动。

第三种方式就是建立分支机构,即在印度境内建立分公司。这种方式主要适用于制造或者贸易企业。

最适合中国的工程承包商的方式就是第二种,在印度建立实施项目的项目公司。但是由于中国和印度的政治关系的信任度低的原因,项目公司很难在项目初期注册成功,往往是工程开工迫在眉睫,项目公司注册迟迟不能完成。笔者参加的印度工程,从2006年5月份开始着手项目注册,直到2007年4月还没有完成。造成工程的极大被动,直接影响了工程的设备运输,劳务注册,账户设立和收款等业务,造成了巨大的经济损失。因为按照印度2000年外汇管理(在印度设立分支机构、办公机构或其他商业场所)规定第4条:禁止某些国家公民在印度设立分子机构或者办公机构,有六个国家:巴基斯坦、孟加拉国、斯里兰卡、阿富汗、伊朗和中国在印度设立上述机构受到更严格的审查。按照印度政府的内部工作规定,储备银行不能直接批准中国承包商的申请,其审核后还必须提交给其上级部门印度财政部和其他相关部门再进行审核。然后返回到印度储备银行,由储备银行批准。一般情况下,中国公司办理项目注册,必须经过如下程序,具体见下面的流程图。

从流程看出,项目注册是一个复杂的系统工程,涉及的部门多,周期长,再加上中国和印度的政治互信低,印度的政府办公效率低,中国承包商很难在印度轻易成功注册项目公司。而项目注册是其他各种注册的基础,例如劳务,税务注册。

签证风险也是中国承包商需要考虑的风险因素。赴印度签证分为两种,一种是商务签证,这种签证比较好申请,但是持商务签证的人员不允许在印度务工。

另一种签证就是劳务签证,这种签证相比之下难以申请,程序也较复杂,但是只有持这种签证方可在印度务工。如上所述的政治原因,签证很难办理。根据目前的经验,印度每年给中国公民签发一定数量的签证,因此集中的,大批量的签证很难获得印度政府的批准。一般情况下,所有工程技术人员的签证先要求承包商提出人力资源需求计划,工程投资单

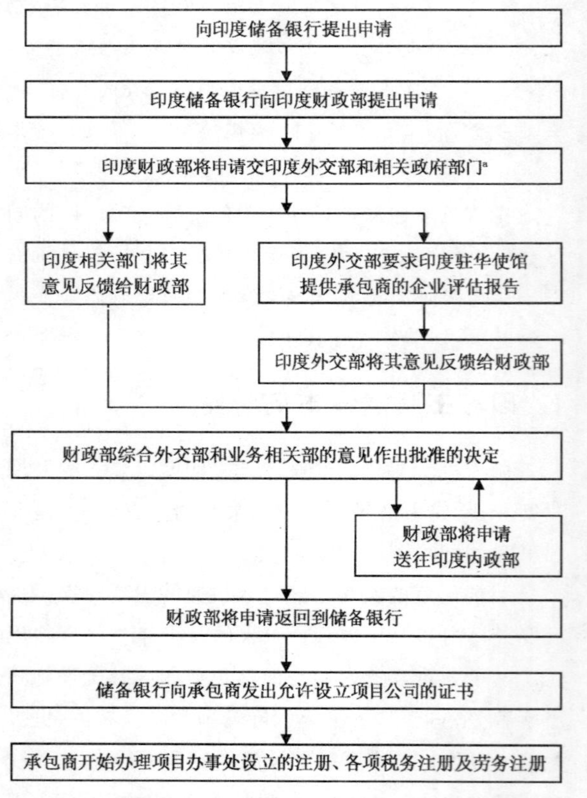

备注:a:相关部门根据行业确定,例如石油类的工程项目一般由石油部批准。

位向印度政府内政部提出申请，这个周期很长，一般需要几个月的时间，然后提交到外交部最后通知印度驻中国大使馆签发签证。在笔者参加的印度管道工程经过了5个月，在社会各种资源的协助下，承包商才拿到签证。

同时，印度政府对签证的数量有严格的控制，进入印度施工的每名人员必须经过印度内政部的严格审核。在印度管道工程中，为了争取一些必须的施工技术人员进入印度，业主和中国驻印度大使馆竭尽全力，最后还是借中国国家主席胡锦涛访问印度的机会，印度政府才批准了1800人的签证。同时，一旦签证批准，更改就会非常麻烦，有时甚至不可能更改。所以承包商要充分考虑各种因素，准确无误的确定各类施工技术人员，避免变更。印度管道工程就是出现这种情况。在初次报审名单中，有一些人员因为身体和年龄不适合赴印，但是印度政府已经批准他们的签证。这样，承包商必须提出变更。在业主和各方努力下又经历了3个多月，变更后的签证才被印度政府内政部批准。

工程分包中也存在一定的风险。印度的劳动力资源丰富，所以印度政府在审核签证时候，严格控制一般的劳工人员，所以，如果中国的企业进入印度工程市场，他们就必须面对大量的非主体，甚至是主体工程的分包，尤其劳务分包。

印度工程建设市场比较成熟，各类工程队伍多。但是印度分包商大都为小私有企业，他们非常在意工程的风险，不愿意承担任何潜在的风险，这些问题坚持不让。例如在印度管道工程中，笔者进行焊接分包时，劳务分包商深知印度的社会环境，他们总是把焊接工程的误工风险作为首要考虑的因素，并且在谈判中提出一旦出现误工，承包商应该付出比平时还要高得多的误工工资，并且在这一点上毫不让步，绝不妥协。同时，印度分包商在合同中做文章是常有的事。

另外，中国的承包商必须充分理解中国员工和印度员工的文化差异。印度的劳工法非常完善。中国公司一不小心就会因为一些不可预料到的情况而卷入法律纠纷。因此了解印度文化的内涵是分包成功的重要因素。

政府效率低下，地方保护成风。笔者在印度项目中曾亲眼目睹了很多地方保护主义导致工程进展缓慢从而延误工期的事情。例如，在印度每个邦的法律都不尽相同，但是有一点是相同的，每个邦政府都向其他邦进入的材料或者设备征税，叫做市场准入税。同时设备从一个邦运到另一个邦也要交纳税金。同时政府效率低下，劳务注册，公司注册和各种许可证的办理都可能成为工程建设项目的不可忽视的制约因素。同时政府腐败成风，也是工程建设项目必须考虑的因素。

汇率风险也是需要特别关注的。随着今年印度国民经济的快速增长，印度卢比的升值趋势明显。笔者公司正在印度进行的印度管道工程就是一个明显的例子。在签订合同的时候，卢比和美元的汇率为46左右，但是半年后印度卢比和美元的汇率为44，升值幅度达到4.3%。同时因为中国的经济的快速发展，人民币的升值幅度也不容易忽视。因为中国承包商势必有很多费用会以人民币的形式发生。因为根据惯例，目前的承包合同标的全部以美元为合同规定货币，目前美元对人民币和卢比持续贬值，所以必须考虑汇率的风险。

3 风险的规避

对于政治风险，应对策略比较复杂，但是如果具体到项目注册和签证风险，中国的承包商可多借助于业主或者中国政府的影响。这些方法往往事半功倍。例如印度东气西输工程中，在签证问题成为工程的关键制约因素时，正好赶上中国国家主席胡锦涛访印，作为一种表达善意的方式，印度政府释放了1800个签证的名额，成功地解决了签证问题。但是这些机遇是可遇不可求，因此承包商在考虑进入印度境内的工程项目市场是可以采用以下几点应对工程风险。

对于项目注册风险，可以采用以下方法进行规避：

1.借鸡下蛋法。中国承包商可以考虑在投标初期与印度本地承包商组成联合体，以联合体的名义进行投标，这样我们可以借用印度企业的名义进行各种施工活动，例如人员的雇佣，现场的施工活动。

2.合同规避法。印度这个国家是重视合同的执行的,相关法律也是较完善的,因此,中国的承包商可以借助合同来保护自己,避免自己陷入无法完成项目注册而陷入泥团。实用的做法是在合同中明确要求业主有义务协助承包商完成项目公司的注册,一切因为项目公司注册造成的拖延业主应该延长合同工期。根据笔者的经历,单凭承包商自己完成项目注册往往难度非常大。即使在业主的帮助下可以开工,也会增加项目的风险性和不可预见性。无项目注册,所有的施工活动是非法的,印度政府随时可以依据法律对承包商进行制裁。更重要的是,承包商可能不能作为执行合同的合法主体,工程的索赔、支付,分包合同的签订都将受到巨大的制约甚至无法进行。

对人员签证风险,承包商可以采用以下方法规避。承包商应该尽量采用当地人力资源。因为印度本身劳动力资源非常丰富,特别是一般劳动力。因此承包商在中标印度工程后,合理安排劳动力资源,将一些技术含量低的工作转包给当地的劳务公司。这样既可以减少签证量,从而减少签证的难度,也可节约成本。

第二种方法也是合同规避法。在合同谈判中可以约定签证问题相关条款,例如约定签证问题为不可抗力或者明确表示业主有义务协助承包商完成签证问题,这样就可以减小风险,同时也可激励业主协助办理签证。

分包方面的风险和印度政府的工作效率的问题应该可以在合同中充分考虑,用适当的条款来避免。因此签订合同时首先要仔细斟酌合同条款,找出其中可能隐藏的法律陷阱。预防这类风险最有效的办法就是承包商自己起草合同,且合同人员一定要深刻理解印度的法律,最好聘请当地的法律顾问,严格审阅合同草案。最大程度的规避分包风险。

汇率风险可以采取金融产品进行合理的规避,例如采用远期汇率,或者对冲(Hedge)或者签订合同时采用稳定的货币进行签订合同,还有就是采用多样化货币进行结算,例如部分欧元,美元,部分其他国际货币。这样多样化的组合避免了合同货币升值或贬值的风险。建议在投标前咨询一下权威的投资银行,预测一下合同货币的汇率走势,做好风险预案。

结束语

印度工程建设市场的风险有以上共性特点,但是具体项目有其特色,此文仅抛砖引玉,承包商应该具体项目具体分析,做好市场进入的准备,做好风险评估和风险规避的预案。

非洲开发银行年会在沪开幕,温家宝总理出席致辞

2007年非洲开发银行集团理事会年会16日上午9时许在上海国际会议中心开幕,中国国务院总理温家宝出席开幕式并致辞。

这届非行年会的主题是“非洲和亚洲:发展伙伴”,主要讨论非洲基础设施建设、地区一体化以及消除贫困等问题。

这是非行首次选择在亚洲举行年会,也是非行第二次在非洲以外的地方举行年会。本届非行年会会期两天,年会的中方承办单位是中国人民银行和相关部委及上海市政府。

中国人民银行行长周小川担任本届理事会主席。担任非行理事的各成员国财政、经济、工业部长或中央银行行长,以及世界银行、国际货币基金组织及其他区域开发金融机构、非政府组织代表等约2000人与会。

非行成立于1964年,理事会是非行的最高决策机构。非行现有77个成员国,包括53个非洲国家和包括中国在内的24个非洲区外国家。中国于1985年成为非行成员。

中东某国高级中学综合建筑工程投标与实施中的教训

◆ 杨俊杰[1]，韩周强[2]，邵　丹[2]

(1.中建精诚工程咨询有限公司，北京 100835；2.保利集团工程公司，北京 100001)

内容提要：

1.本案例是施工总承包的形式，技术上难度不大，但无论是工程投标或是项目实施都有许多应吸取的教训，特别是对该国的法律如合同法、劳动法等应加深了解和研读。该项目位于中东地区，其合同条件所谓FIDIC“国产化”应予注重。

2、此例暴露出对合同风险意识缺乏思想准备，因而不能进行合同的总体分析、详细分析和合同特殊问题的分析，进而修订保护承包商自己的有效的安全的预警防范应急措施，这是一大问题。

3、承包商的自身问题很多，如项目经理的选用、分包的选择、合同实施控制管理、索赔问题等等，诸多管理制度理应到位。

一、工程概况

(1)工程名称

高级中学综合建筑(BUILDING COMPLEX FOR HIGH SCHOOL)，工程所在地为A国第二大城阿市市区或近郊。

(2)业主

A国公共工程局 (PUBLIC WORKS DEPARTMENT OF EMIRATE OF ABU DHABI，简称P.W.D.)。

(3)设计

由该国国家批准的标准设计，并由当地一家设计事务所承做。工程监理也由上述设计咨询公司担任。

(4)招标内容：

工程施工，竣工验收达到使用要求。

(5)主体工程要点

该工程由四座学校组成并用一套图纸(各座之间略有区别)。包括教室24间或18间，教师办公室、行政办公室、会客室、试验室、工人用房、医务室、图书室、祈祷厅、门厅、多功能活动厅、厕所、厨房等建筑物、以及露天足球场、篮球场、排球场、围墙等室外工程。总建筑面积45110m^2。每座学校包括主楼9151m^2，多功能活动厅1910m^2，变电室165m^{2}或114m^2，主入口89m^2，围墙780~980m，场区约40000m^2。

(6)工程施工总承包

由中国某建筑工程总公司承建。同时按土建、水卫、空调、公用工程及多功能活动厅、屋面、钢结构工程等分别分包给中方分公司。

(7)合同金额

总价约1700余万美元。该工程自第一次投标后，业主两次修改设计内容，减少工程量，导致投标者两次调整单价及总价，到第三次投标才结束，历时8个多月。半年后，业主与总包商签约，工期为730天，实际初验交工日期已拖延工期超过两年。

(8)有关合同条款

该合同的投标保函为1500000DH，有效期120

天;施工履约保函为合同数额的10%,在宣布中标后的21天开出,有效期1185天(施工期730天加维修期365天,再加延长期90天);按该国规定,外国承包公司没有预付款;

按法律规定,拖期罚款为a.27600DH/天,总额不超过总价的10%;b.负担罚款期间的咨询费;咨询费为合同总价的4%;

付款方式:a.材料到现场,业主向承包商支付材料费的75%;b.工程款按每月完成工程量经监理工程师认可签字后,45天内支付90%(另10%扣做保留金);保留金为合同总价的10%,维修期满验收合格后结算;

税金:无营业税。专门用于该工程的进口物资设备免征进口税,但需要承包商事先向业主提出品种和数量的正式申请;

合同单价:工程量增减20%以内单价不变,如超出时另计;

其他:承包商负责现场道路、通道、警卫、照明、围栅和通水等。

二、投标过程

(1)接到投标通知后,即对参投的利弊进行了分析。

有利条件是:a.已在A国经营六年之久,积累了一定的经验;b.在该国政府部门、工商界和金融界有一批朋友;c.工程是二层及单层混合框架结构及少量钢结构屋面系统,技术要求一般,四座学校共用一套图纸,利于施工;d.A国市场繁荣,物资材料供应方便,并且A国货币稳定,美元可自由兑换汇出;e.工程项目所在地是该国最富足的地区,发展教育事业是政府既定方针,工程款支付有保证;f.A国政府对外籍人员入出境政策宽松,手续简便,并且没有税收等。

不利条件是:a. 中方的管理人员和工人从中国到A国施工,动员准备费、国际机票费、签证手续费等比当地公司开支大,成本高;b.为保护当地公司的权益,A国政府规定外国公司中标后没有工程预付款,承包商实施工程必须自筹周转资金,加大了成本;c.我方人员外语能力差,影响与咨询公司、业主或供应商的沟通,若多派翻译人员,必然增加较多费用;d.中国施工单位长期以来习惯于上级安排施工任务,缺乏正确处理承包商与业主、驻地工程师等关系方面的经验。但经过综合比较权衡利弊,结合当时公司的经营现状,决定参加投标。

(2)中方经总部批准,着手进行投标准备。购买标书后,根据投标截止期制订做标计划,做标人员先译阅招标文件,对照图纸核实工程量,制订施工方案,计算人工、材料和机械设备单价,计算分项工程基本单价,确定间接费取费系数,汇总标价,编制投标文件,最后考虑综合因素对标价进行调整,完成各项投标文件。

(3)按招标通知的截止投标时间表递交投标文件。招标委员会准时开标并将各参投公司的标价依低到高的顺序公布于众(有废标者特别注明)。参加该工程竞投的共有11家承包公司。中方总公司为最低标,标价比第二标少3%,最高标标价高于最低标37%。

三、主要问题浅析

A国四校施工工程自破土动工,几经变更设计、增减工程量,最后合同总价确定为1723.57万美元,合同竣工期延两年为930天。

截至合同竣工期,营业额只占合同额的61.6%,尚有38.4%的未完工程量;不计拖期罚款,亏损额已达合同额的40%以上。拖期和亏损已成定局。

造成工程拖期和亏损的原因是多方面的,下面拟对从投标预测到初步验收的全过程中所暴露出来的主要问题及其风险因素做一浅析,以示来者。

1.经济方面

(1)贷资承包

因无工程预付款,承包公司需加大周转资金的筹集额。经测算,该工程应准备不少于400万美元以上的资金用于动员、出入境手续费、国际机票费、预购材料设备费、运输保险费、临时设施费及现场条件准备费等等。限于我国外汇管理规定及基层部门融通资金能力,土建分包公司费尽周转只贷到200万美元应开工急需,到工程初步验收结束该分公司一共

才筹集到250万美元。资金不足严重影响了施工进度;工程拖期又反过来拖延工程款的回收,形成恶性循环状态。为解燃眉之急不得不依靠向当地银行透支贷借,又埋下了隐性风险。

投标做价时虽已把所需周转资金的利息计入间接费,但由于工程拖期,用款时间几乎成倍增加,透支利率又超出预测,资金非但周转不开,从而构成工程亏损的原因之一。

(2)机料价格大幅度上涨

投标报价时,根据近年材料市场的价格变动考虑几种主要材料价格上浮度为5-10%。但由于战争爆发,物价飞涨,主要工程材料价格上涨幅度惊人:普通水泥从185DH/吨上扬到220DH/吨,涨幅为19%;抗硫水泥原价200DH/吨,上涨22.5%;商品混凝土原价132DH/m^3上涨10%;一般木材原价540-600DH/m^3,上涨高达近100%;钢筋原价1200DH/吨,上涨12.5%;铝合金门窗料原价3250DH/吨,上涨12.8%;胶合板原价57DH/张,上涨5.3%。不仅如此,原材料的涨价牵动了保险费、运输费及人工费等全面调高,大大加大了工程成本。

(3)开户银行的制约

当时中方在A国的开户银行是"国际商业信贷银行(BCCI)"。围绕该工程的有关保函和存借、信用证等手续都是通过BCCI办理的。在工程实施过程中,因备用资金不足而又难于依赖国内解决,相当长的一段时间里向BCCI透支借贷。当透支额度过大、短期内无望还贷时,BCCI几次冻结公司的资金。资金方面捉襟见肘的窘境长时间困扰着公司,适时终因BCCI因内部舞弊事件酿成国际金融风波,不得已公开宣布倒闭。这不但中断了公司融资的渠道,甚至连生活费也无着落难以为继了,给施工队伍造成诸多不便和窘境,使抢进度以减少拖期的计划受阻。

2.施工方面

(1)现场准备

四校工程的实施,或因未按投标时所制订的施工方案进行现场准备,或因考察不周而原方案难以执行,这也是造成亏损的因素之一。如,当地规定施工现场必须搭设临时围墙或围栅并刷涂白色油漆后才能动工,否则将处以罚款。投标时打算先砌筑永久性围墙替代临时围栅以节省开支。实际施工时开工误期,分包公司为了抢主体工程的进度,安排少量人力搭设围栅而不予折除,再砌筑永久围墙。这一举措非但未节省开支,反而多投入了6万余美元;再如报价时考虑施工生产和生活用水通过在现场打井取水解决,中标后经多次申报地方主管部门,始终未获准在当地打井,不得不改为购买淡化水。罐车供水代价昂贵,据实开支仅半个月生产生活用水费用就超支11万余美元,等等。

(2)工程量差

施工承包做标的主要依据是施工规范、技术要求、施工图和工程量表。通常从发标到投标的时间较紧,而又不允许投标者改动招标文件。所以,投标者经过核实工程量,对图纸要求的实际工程量超出工程量表的部分,用提高单价的方式找平,即以价差弥补量差。该工程就是按这种考虑来做标的。但由于时间仓促,做标人力不够,核实工程量时出现误算,到实际施工中发现各种标号的钢筋混凝土中素混凝土的数量超出标书工程量表约8.5%,其他方面也发现一些量差。

量差造成的亏损将纳入向业主索赔的范畴。但这个问题引起总包和分包之间的争执及加大投入,加剧了资金紧缺状况,在相当程度上影响了工程计划和施工进度。

(3)项目管理

分包公司是国内一家大公司,技术力量雄厚,施工经验丰富。但其首次迈出国门到国外承包工程,遇到较多新问题,管理水平跟不上。其主要表现在:a.对资金需用量缺乏预测,造成占用资金过多,资金周转周期过长;b.不重视及时回收工程款,造成流动资金枯竭,银行拒绝透支借贷,工程难以运转,窝工待料严重;c.不熟悉当地材料供应市场,对购置材料设备的询价、报批、供货等手续缺乏经验,进料延误,现场无仓库,消耗无定额。甚至到开工近三年时,仍有许多重要材料设备或零星分包项目未向业主和驻地工程师提供样本样品报批。由于材料供应不及时,施工进度缓慢,施工组织网络计划根本难以实现;d.四座学校使用一套图纸，本应按整体工程实现流水作业，但项目组却分成四个单独工程分别实施，缺乏全盘观念和预见性，工序严重脱节，工作被动，计划不配套，调控和综合平衡能力差。项目组重视钢筋混凝土结构的人力安排而轻视砌筑、粉刷、油漆等工程，造成中后期结构人员无事可做，大部分装修项目只能依靠当地雇佣工人。有一段时间，在83项分项或单项工程中，当地雇人干69项，占83%，且都是产值高、技术性强的工作；国内派去的工人仅干14项，占17%，且多为室内油漆、水磨石打磨、修理混凝土面层、清理渣土等低值或无产值的辅助性工作。当地工人平均日工资50DH，超过国内派人日工资预算约20%。外籍人员工效难以控制，稳定性差，语言不通不便管理；e.未严格实行定额管理，工效低，产值经常低于报价预算值，工程严重拖期。人工费大量超支，占同期营业额的30.5%；f.不善于处理公共关系，一直没能建立同业主和驻地工程师的良好关系，有时甚至激化矛盾，得不到工程师的理解和关照，该强硬而据理力争的如工程量核算应坚持双方核算协商却不坚持；该通融让步的，如在生活上给工程师适当照顾和方便却毫不妥协。有的项目点上一直没有配备专职翻译人员，同驻地工程师的沟通情况较差。

(4)施工资格

当地政府规定，工程承包公司的经营范围和专业技术水平必须经过严格审查批准。中方公司在A国的营业执照和企业定级证书上未包括安装空调系统的范围。投标时按自行组织安装进行报价，寄托于能在土建结构完工前能获准该项安装资格。此事拖了一年多时间没能解决，不得不改变初衷在当地高薪聘用空调专业工程师组织空调安装。一位当地聘用的工程师为7500DH，每年有一个月的有薪假期，其支出相当于我国国内派人成本的4倍以上。

3.公共关系方面

(1)联营内部关系

总包和分包关系中出现一些问题，在财务、权益、责任等内部控制等不清不明，拖延了工期，严重影响了整体经济效益。

总包按报价转包给中方分公司，按规定分公司自筹资金、独立经营、自负盈亏，向总包上交总包管理费。但总包满足于收取管理费以包代管；分包虽然首次承接国外工程，处于缺乏经验、缺乏对市场了解的状态，然而却听不进总包的意见和建议，把过多精力投入寻找总包报价的漏洞上。总分与分包之间矛盾重重，无休止地扯皮及国内上级单位的干预、协调，客观上也影响了工程正常实施。

总包对外是合同签订者，内部转包给分公司实施。资金不足应按内部合同由分公司自筹，但分公司能力有限，不得不依赖总包，使其进退维谷处于两难，不垫资金则影响工程损害公司信誉和长远利益；代垫资金又担心减轻分公司的压力亏损难以控制。总包分包双方缺乏紧密型的团队精神和通力合作一致对外的态度，一直处于若即若离责权利不清不楚状态。

(2)与业主和驻地工程师的关系

有些规定属于可此可彼，相互关系融洽则办事方便，反之则多吃苦头。在报价时按现场搅拌混凝土考虑，每立方米单价79DH。由于没有处理好同业主尤其是现场驻地工程师的关系，他们托词政府规定，不允许在现场设置混凝土搅拌站，必须购置商品混凝土，单价是每立方米127DH，仅此一项就造成40万美元亏损。

4.不可抗力因素

当该工程进入施工高潮时，发生战争严重波及A国。出于对人员的生命安全考虑，在我国政府安排下，该工程数百名管理人员和工人分批撤回国内，这不仅增加了国际机票费、差旅费、安置费等数万美元的支出，战争导致物价上涨借贷停滞，几个月的拖期给该工程造成数百万美元的巨额损失。

四、应吸取的教训

中东市场是我国工程承包的传统市场的主市场之一，在该市场经营亦存在很多风险，如私人项目颇多、利润低下、竞争激烈等。从该案例合同条款苛刻，即引出许多教训发人深省。

1.工程项目评估势在必行

任何承包市场或任何工程项目，都需要在投标前进行常态化的工程项目评估，包括自然条件、资金来源、远景规划、工程性质、技术要求、经济开放度、风险度、货币稳定性、工资物价水平、投资要求、经营基础、市场现状等多项指标上深入、系统、完整地加以论证，并从定性与定量结合的角度认真做出正确评价决策后，方可投入人、财、物、资源等进行工程承包正常工作。

2.FIDIC条件应当认真研用

中东多数国家认可FIDIC，但大部分国产化，因此，对其合同条件必须仔细阅读，反复地、不厌其烦地斟酌、分析。原因是中东国家甚至包括北非某些国家盛行所谓FIDIC国产化，大多数是把FIDIC中利于本国权利的部份保留、利于外国承包商部份去除。工程师权力，如罚款、业主索赔、设备验收、生产试运有问题不能全部竣工验收等等都予以保留，而承包商索赔、价值工程、提前竣工奖励等或去除或修改；还有合同条件中附加更为苛刻的条文，如合同一经签订必须强制性地接收所在国规定的占合同额25%的本国劳务(工人)、拖期支付，诸如此类不一而足可谓名目繁多，对此应慎重对待，不可掉以轻心！(详见中东某国公共工程部颁布的《建筑工程合同一般条款》主题初解)

3.建立、健全风险管理机制是情理之事

该项目风险无论从经济方面、施工条件、公共关系上以及内部管理控制等都存在明显的多方面的风险因素，这是造成该项目亏损额度大的主因。但有些应予避免的内外风险，因无风险管理意识、更没有一套从预测到应对的措施，形成险上加险的局面，这样的代价换来的教训应认真吸取，并转为建立风险管理机制的案例。

4.项目经理是该项目执行成败的关键点

这在工程承包企业中已成为“公理”。项目经理是合同的履约人、项目计划制订和执行的监管人、项目组的指挥员。应对项目经理在能力和素质方面有很高的具体要求，特别应该是以往绩效、团队精神、应变能力、沟通协商等综合质素呈强势的精英人才。显然，本案例的分包商委派的项目经理与此差距较大，工程项目的失误率大是必然的。选拔好项目经理是使工程项目，特别是大型工程项目形成内外而来的“信息中心”和“盈利中心”，进而获得业主满意度、项目得到“双赢”或“多赢”的成功起点。

5.资金仍是承包工程中的首要问题

本案例反映的是工程承包中的普遍性问题即贷资承包，至今仍是承包工程中的首要。所谓“首要”即“要路”、“要御”，拦路虎、拦阻控制之意，亦称“瓶颈”。一般地讲，传统的工程承包项目需要流动资金(自有)约占该投标项目的30%以上方可承接，BOT、EPC/T等工程类型的项目要求资金到位率更高。当前，筹措资金的渠道更多元化、更丰富了，但牵扯进来的单位更多，不仅是业主、承包商、分包商、供应商等关系，还涉及到财团、银行、保险业等深度关系。因此，处理资金类问题应从根本上考量，即投标项目的效益指标、该工程的明示风险与隐形风险，从而计算出主要风险而产生的风险度(对工程的影响量)，以及财务评估等，力争做到投标项目的万无一失。

案例简析:

1、中东地区的合同风险多且大，或投标或实施都会造成一定恶果，这是比较严重的一例。本例中采用的是该国工程部颁布的建筑工程合同一般条款52条，其中伤害承包商较重的约有30%的明示条款，尚有15%的轻微条款，这是颠覆该项目成功的致命性因素！

2、本案例具体分析了经济、施工、公共关系、不可抗力等四个方面10余个细节因素和5个主要方面的教训，发人深醒。分包商选择得当与否和分包商管理好坏是项目成功的重要保证条件。但该项目的分包商不尽人意，资质、资金、技术、管理等均不符合基本要求；同时，项目经理没经严格考核，不称职，加之总包对分包管理不严格、不精细、不到位，造成该项目的错、漏、缺、空等项较多；总包与分包内部合同中的责、权、义、利协议，定义不明确、不清白等，致使该项目经济损失惨重，教训刻骨铭心。

附：中东某国公共工程部颁布的《建筑工程合同一般条款》主题初解

中东、北非等国对FIDIC合同条件都进行了"国产化"，但许多条款对照FIDIC本意及国际通用规则可观察到不合理的成分、甚至有不可接受的条款。一般条款是一项工程承包合同必须遵循的普遍规则，现将该条款中明显违背国际惯例常规做法之处提出来，提请企业在这些国家承包工程签订合同时切实注意。该合同的一般条款共52条，而其中45%，即24项条款中存在这样或那样的合同风险，其中30%是明示风险、15%是隐形风险。现初解如下：

第一条 合同范围

第二条 工程速度

该条中"工程部有权对进度作其认为有利于工程的必要的修改，承包人无权要求对此更改给予任何补偿。"对此，承包人应根据工程施工进度更改后的影响量，即人、财、物的投入的具体状况和增加的开支而提出补偿要求。

第三条 工程师指示

该条中"承包人的施工应使工程部工程师满意，驻地工程师有权随时发布他认为合适的方案、设计图纸、指令、指示、说明"，统称之为"工程师指示"。工程师指示包括以下各项但不限于此。

5.推迟实施合同中规定的施工项目；

6.解除工地上任何不受欢迎的人；

如果工程师向承包人发出了口头指示或说明，随即又做了某种更改，工程师应加以书面肯定。

本条款对工程师的权力规定过大，除规定9条指示但不限于此外，还给予工程师随意性地更改、推迟、检验、解除、检查、决定、决断等权力。因此，在该地区商签一般条件和专用条款时应对此条重订、补充和修改。如加上工程师必须根据施工组织计划、合同规定、图纸与规范等秉公行事等意思；承包人有权对无理推迟施工、执行工程师前后出现矛盾的指示提出经济与工期索赔等。

第四条 方案设计、图纸、规范和估计工程量表

第五条 工程、规划和标高

该条中"对设计方案中的任何差异、矛盾、缺点或错误，如果承包人没有向工程部申报，而后又由于上述原因在施工中发现了不能接受或不能弥补的错误，承包人应承担由于修改错误、拆除局部或返工的责任。"

本条款过于严苛并与国际惯例、FIDIC施工合同条件相悖，原则上承包人不予接受。承包人的首责是按图施工、执行工程师指示，因设计方案的错误而导致承包人的遭损，理应由工程师承担其责，不容质疑。

第六条 材料、物资和产品

本条规定"代替材料在质量上须同原材料相似并符合一般规范和特殊规范，还应得到工程师的确认。承包人无权在此情况下要求增加任何价格，而工程师则有权根据其估计扣除由此而降低的价格，承包人无权提出异议。"

按常理说，在得到工程师确认的情况下，增加替补材料价格是合理的，而扣除降低的价格是不合理的，此条款在合同谈判和商签合同时应据理力争，修订细致些，分别情况处理为妥，不应一概而论。

第七条 工程进度报告

第八条 检查与验证

该条规定"未经工程师同意，承包人不得填土遮盖任何工作面。在工作任何一部分完工掩盖或填土之前的适当时间内，承包人应通知工程师。"

按FIDIC规定,如承包人按时通知工程师但其未按时到现场检查时,承包人有权自验并记录备查,重新捡查的费用由业主方承担。本条款应补充当工程师收到验收要求而不按时赴场现场检查验收的措施或重验的规定。

第九条 验证劳动工地

第十条 工地上的临时设施、机器及材料

第十一第 与工地其他承包人的合作及施工秩序

该条规定“要把可能在承包人与其他人之间发生的每一点分歧通知工程师,工程师对此所作的决定对承包人来说是最终的,必须执行的。承包人无权因此要求任何补偿或延长合同工期。”

这条规定明显是错误的!工程师无权做出最终决定。承包人如对此有异议可通过法律程序,向仲裁机构、法院提出申诉并有权要求补偿因此遭受的经济损失或延长合同工期。

第十二条 注意法律、条例及专门的指示

该条规定:“承包人应注意政府方面所发布的条例及关于警察、工作、工人、水电、卫生、市政、古建、道路等方面的法律条例和指示并单独承担上述一切所需费用。”

请注意:该条给承包人以所示,凡承包项目中相关的一切费用都应分门别类按项划分,考虑到报价当中去。

第十三条 工地警卫、照明与供水

本条规定“承包人用其自己的费用负担工地的照明、供水与供电、……临时围墙和施工告示牌……”

处理方法同第十二条。这两条中的细节问题有可谈性,如警察、道路、市政……额外负担可不予接受。

第十四条 工作时间

第十五条 承包人的工程师、职员与工人

第十六条 承包人住址、办公室和管理办公室

第十七条 被拒绝的工程、材料和设备

该条规定“不允许承包商因任何由于工程部对工程、材料或机具的拒绝而产生的改变要求拖延工期。同时,工程部不承担承包人对任何被拒绝工程、材料或机具的价款或清除所做的开支。”

问题在于被拒绝的工程、材料、设备、机具等是否与设计图纸、施工技术规范及招标投标文件等的要求相符合和相应的一致性,如果完全相符,则工程部(业主)或工程师应承担由此产生的一切后果。

第十八条 工伤事故

该条规定“类似此种事故(注:指致死、伤残,财产危害等),应向国家有关当局报告。”

国外对生产安全与人身安全问题非常关注,作为承包人对生产安全和人身安全两大课题应高度重视并采取相关有力的防范和应对措施,如可编制具体的安全手册。

第十九条 通过路、桥、水路运送材料和设备

该条款中规定“如报价单或合同契约中没有任何关于保护和加固专门工程的条款,那么由此而发生的费用和开支由承包人承担,而且不能免除其由于违反国家交通规则而必须履行的义务。”

报价单是由工程师制订的、合同契约是业主方面编制的,承包人只是根据报价单报价、按合同条款规定的责权义的实施者,不应承担未曾加进该条款的责任,更不应承担关于保护加固专门工程等而产生的费用和开支的法律、经济责任。与此相反,承包人有权索赔由此而发生的经济损失和工期延误损失。

第二十条 化石及古物的所有权

承包人保护化石及古物是应尽的义务。但也同时享有因保护化石及古物应获的奖励权。

按FIDIC合同条件中的明确规定,因挖掘、保护化石及古物而使承包人造成的经济及工期损失,业主应予补偿。

第二十一条 工程的初级验收

第二十二条 竣工后的工地清洁卫生

第二十三条 合同造价的含义

该条中合同总价“包括合同内规定工程的施工、竣工和维修,包括提供工程所需要的全部材料、机械设备、运输工具、支付工资以及按照合同文件内四个部份的详细规定(注:投标文件、契约与合同;一般条款与特别条款;一般规范与特殊规范;方案与设计图),全面完成工程所需的一切费用。其次,合同文件

第一部分报价单中的单价包括工程造价、材料、佣金、管理开支、利润以及按合同条款、图纸和规范进行施工、竣工和维修所需的一切费用。”

该条规定中有几个疑问:(1)合同造价的含义中未提及任何税收,应弄清楚合同造价构成;(2)在实施本合同过程中而发生相关的税务问题将如何处理呢?(3)佣金的支付问题是否合法?要调查清楚依法支付佣金;(4)按一般合同条款报价的单价的概念其费率计算是应按通常的惯例做法吗?如按FIDIC的单价模式应为:量价分离、验工计价、据实付款。

第二十四条　支付证书

该条款中规定“2.对于以工程量和单价为基础确定造价的工程,所完成工程量的价值,以报价单中报价为基础进行结算,要以工程师认为全报价宜于工程施工为前提。”“4.在工程师开出支付证书后的30天之内,每月向承包人支付已完工程量合同价格的90%,工程部保留余下的10%,以保证更好地施工和维修。”

以工程师认为全报价宜于工程施工为前提的结算方式是无理条款,承包人按实计量、增减量不得超出合同中规定的幅度,否则应以索赔方式计价。

本款提出每月扣除10%的保留金不符合国际惯例,如此要求直至工程初验,必将造成扣除总额远远超出合同总价的5%以上,显然是不合理的“霸王条款”。对此,承包人一定要在商签合同时以必要的应对措施予以调整。

另本条“5.如最后验收因任何原因推迟,承包人亦要相应延长担保期限”的提法也是站不住脚的!承包人无限期承受保函索偿的风险,完全违背FIDIC的正常规定,此条不能接受。本条款中应增补这一项保函索偿程序的要求。

第二十五条　合同期限的确定

第二十六条　竣工期的延长

该条“4.非承包人造成的内部骚乱或当地工人的派别之争或罢工或停工而影响了施工;……承包人均应在发生造成拖延的不测事件之后立即通知工程师。尽管如此,承包人亦应尽最大努力,避免拖延,加速施工。”

竣工期延长,非承包人造成的时候,最主要的问题是承包人要求工程部(业主)的经济补偿甚至索赔问题;如工程师发出加速施工的指令,又有个加速施工而发生的经济损失问题,这是值得注意的。

第二十七条　因违反合同条款而造成的停工(注:指承包商)

第二十八条　履约担保

该条规定“担保金额为合同金额总数的10%,但生效期要从双方签订合同之日算起。在整个合同执行期间并另加90天期限内有效。……且经工程部初步验收和结账时为止。”

这里有几个错误:一是履约保函的失效期一般应为初验之日,二是另加90天无理!三是初级验收与工程结账不会是同时进行,自相矛盾,何日结账应做明确规定。

第二十九条　合同工程保险

第三十条　人身保险及其他

第三十一条　维修担保

第三十二条　最终验收证书

第三十三条　工程担保

该条规定“承包人仍在初步验收10年内对建筑物的主要部份:基础或承重墙或钢筋混凝土框架等,由于承包人错误或疏忽造成的缺陷或毛病负有责任,对于因这些缺陷或毛病造成的损失,在不违背刑法责任的情况下,无论其种类和范围如何,承包人均应负责赔偿。”

据此规定即“十年责任险”,承包人应在工程初步验收时向保险公司投保该险,而不完全是由承包人负责。“10年责任险”在北非和中东某些国家的建筑法中有明文规定,赔偿责任也由保险公司承担。

第三十四条　指定分包商

第三十五条　指定供货商

第三十六条　非指定的分包商与供货商

第三十七条　以最终单价为基础订立契约

在该条款中规定“在不超过工程总价20%的限度之内,工程部保持其对合同所包括的工程的增加或减少的权利,然后按原合同单价向承包人结算,而承包人无权拒绝或要求任何赔偿”,“在承包人同意的条件下,工程部可以超过20%的比例。”

本条规定的20%的增减幅度较大,再就是应予承包人的适当补偿问题；如超过20%的增加工程量时，虽有承包人同意，其原始单价也应乘以一个加成系数，而不仅仅按原始合同单结算。

第三十八条 以单项数量和价格为基础订立契约

本条规定“在所有情况下，工程师和承包人之间的各种分歧都要提交工程部，工程部的有关决定是最终的，必须遵循的。”

工程部为行政部门，无权、更不可能替代法律程序裁定分歧，因此本条规定不符合公平与正义，如承包人不同意工程部的决定，应有权按双方争执解决机制程序即协商、调解、仲裁或诉讼解决。

第三十九条 施工期的调整

第四十条 合同转让

第四十一条 误期罚款

“根据合同，如承包人没有按期完成本合同所规定的工程，包括由业主发出命令增加或改变的工程，每日向承包人罚款25000迪尔汗。”“如果证实是由不可抗力事件或是根据工程部的命令而停工所耽搁的时间不计入延期罚款的天数之中，工程部有权免除全部延期罚款或部分免除罚款，但要根据承包人在收到了误期罚款金额后的14天内所提出的书面要求。”

本文规定的误期罚款数额偏大，还可以讨价；另，业主先扣款然后考虑承包人的书面要求的做法是没有根据的。如业主坚持这种扣款程序，一旦证实承包人对工程误期无责，本应连同扣款利息等一并支付给承包人。

第四十二条 警告

第四十三条 解除承包权

在本条规定中“1.如果拖延开工，或工程进度慢到工程部认为不能按期竣工的程度。4.如违背任何一条合同条款或者忽视合同所规定的应该履行的义务，并且在接到工程部警告7天后没有纠正。6.或展示、或给予、或同意给予他们(注：指国家职员、顾问，工程师及助手等)任何赠品、报酬或礼品以引诱他们做伤害于工程部的事。9.如果拒绝和轻视工程师的指示，又不及时向工程部书面报告其合理的辨护。”

拖延开工或工程进度缓慢不成其为解除承包人的承包权的根本理由，如承包人无正常理由并拒绝采取加快工程施工时方可解除承包权。工程部发出警告7天没有纠正就导致解除承包权似乎不尽情理、过于苛刻，不利于双方合作。如承包人拒绝纠正严重影响施工或按FIDIC要求，误期时间很长时可考虑解除承包权的最后“通碟”。赠品或礼品视数量、品种、价值等具体情况定夺解除承包权为妥。轻视、及时的词语概念和含意不确切。总之，解除承包权会导致严重后果，双方都应按合同的责任、权力和义务协商解决。

第四十四条 解除承包权后的有关事宜

第四十五条 合同终止

第四十六条 争端与仲裁

该条规定“由中东某国专门法庭来解决争端。仲裁委员会必须遵守合同的规定和该国现行法律和惯例。”

据称，在中东、北非、南亚一些国家，解决争端机制的法律程序是不利于承包人的，如发生争端问题，强制性地由项目所在国现行法律和惯例判定，结果大都是有利于业主，承包人面临凶多吉少的局面。对此，承包人应做好心理上准备、业务上的应对机制。

第四十七条 略

第四十八条 保密

第四十九条 文件所有权

本条规定：“关于本合同的全部文件属工程部所有”。

在商签合同文件时，承包人应对有关知识产权保护相关的细节化问题加以条款明确化，如由承包商补充设计图纸的归属问题等，以免发生此类事件争端。

第五十条 其它合伙人的参与

第五十一条 承包人死亡

第五十二条 完善合同的原则

承包人应充分利用该条款，在商签特别条款时完善一般条款中未尽事宜，包括该国的“如民事、行政、商业交往的一般规则、订立契约的一般规定…”以保护好承包人。

国家标准图集 应用解答

◆ **03G101-1《混凝土结构施工图平面整体表示方法制图规则和构造详图(现浇混凝土框架、剪力墙、框架-剪力墙、框支剪力墙结构)》**

问:P65,雨蓬梁两端与框架柱相连,问:梁端下部支座部位锚固长度取12d可以吗?

答:如雨蓬梁设计按两端铰接考虑,取12d是可以的,如雨蓬梁设计按两端刚接考虑,下部纵筋在柱支座处的锚固长度应按框架梁的要求考虑。

问:P56,本页中梁柱端节点上下有两个,区别何在?

答:本页表示顶层抗震框架梁柱端节点构造,梁上部纵筋在柱内与柱纵筋搭接锚固做法. 当梁上部纵筋配筋率小于等于1.2%时,可按本页上图构造要求施工;当梁上部纵筋配筋率大于1.2%时应按下图构造要求施工。

问:P65,注:2中的h_w如何计算?是否包括楼板厚度?

答:h_w为梁高减去楼板厚度,不包括楼板厚。

◆ **04G101-3《混凝土结构施工图平面整体表示方法制图规则和构造详图(筏形基础)》**

问:P38,梁板式筏基(低板位)底部钢筋层面布置的理解?

答:板底钢筋应在其支承梁底部钢筋的下面。

◆ **04G101-4《混凝土结构施工图平面整体表示方法制图规则和构造详图(现浇混凝土楼面与屋面板)》**

问:P9,楼板支座上负筋长度:ln/3、ln/4,从何处算起?本页3号筋Φ12@120/1800中1800从何处算起?

答:一般方式图上楼板支座负筋长度ln/3、ln/4,是从梁边算起,本页3号钢筋延伸长度1800是从梁中心算起。

中国建筑标准设计研究院

建筑施工企业“项目承包制”的合法边界

◆ 曹文衔

(上海市建纬律师事务所，上海 200040)

自去年上半年以来，长三角地区的一些建筑施工企业受到了来自施工项目所在地工商行政管理部门的执法检查。工商部门依据国务院370号令《无照经营查处取缔办法》，对一些施工企业中的内部承包人(目前主要是实行“项目承包制”的项目经理，在建筑业企业项目经理项目负责制向建造师项目负责制过渡工作完成后，内部承包人将转变为注册建造师)以“内部承包体构成事实上的经营实体，项目内部承包行为构成事实上的对外经营行为”为由对承包人按照“无照经营”进行了处罚。此外，个别工商部门还同时以“工程转包”或者“以挂靠方式出借企业经营证照”为由处罚了承包人所在的施工企业。一时间，“项目承包制”涉嫌“无照经营”的说法在业内甚嚣尘上，已经在建筑施工企业实行多年并被政府建设行政管理部门作为行业经营管理体制改革成果而肯定的建筑施工企业“项目承包制”的合法性遭遇到前所未有的质疑，建筑施工企业人心惶惶，企业负责人和项目经理忧心忡忡。

笔者作为专门从事建筑房地产法律服务的执业律师，在多次接受施工企业的咨询和应邀参加行业协会的专题论证过程中，重点关注了工商部门在行政处罚决定书中所列举的承包人(即行政相对人)的“行政违法事实”和被查处项目在实行“项目承包制”过程中的共性特征。概括而言，工商部门在行政处罚决定书中所列举的承包人的“行政违法事实”有下列情形：一是承包人自行采购施工材料、自行支付工人工资费用；二是承包人拥有施工机械设备的产权；三是承包人自行招募施工人员；四是承包人与施工企业约定只向施工企业缴纳定额管理费，项目盈亏风险由承包人自行承担。针对某一被查处的具体项目而言，上述情形可能存在一项或者多项。而被查处的承包人与企业之间签订的承包协议内容或者项目实施中的常见做法又具有如下特征：一是工程施工合同以企业名义签订，其他合同如施工材料采购合同、设备租赁合同、劳务用工合同等由企业授权承包人签订（通常的授权方式是企业允许承包人刻制和使用该企业特定项目部的印章)；二是项目承包人为企业内部员工，通常是具有项目经理证书的项目经理；三是项目施工中的所需资金由承包人自行筹措，项目实施过程中与企业外部之间的大额收付款通常经由企业财务账户进行；四是企业对项目实施的全过程几乎不予干预。

笔者还注意到，在工商部门行政处罚决定书中均未见对行政相对人的上述行为和事实为何构成违法进行分析论证。这是导致行政相对人不服处罚的重要原因。一方面，被处罚的项目经理抱怨说："我们被工商部门查处的行为如自行采购施工材料、自行支付工人工资费用正是项目经理有效进行项目成本控制和管理的关键手段，是我们承担项目成本管理责任的必然结果，而且我们的上述行为是企业按照承包协议给予的授权，虽然形式上是我们个人的行为但实际上代表了企业，上述行为对外产生的后果也由企业对外承担，最终才由企业与我们按照承包协议按照项目进行内部清算。如果按照工商部门的处罚理由进行推理，项目承包要合法，只能是企业缩小对项目经理的承包授权，把涉及人、财、物的支配权全部收回。可那样一来，就不再是'项目承包制'了。"另一方面，工商局人士在接受《建筑时报》记者采访时为"项目承包制"的合法化提出的建议是："一些拥有人、财、物实际支配权，有实力的项目部，完全可以成立一个分公司，办理经营执照，成为一个独立核算、自负盈亏的经济实体，这样就是合法经营了。"按照工商局人士的上述说法，似乎企业内部如果存在独立核算、自负盈亏的承包体或者其他名义的经济实体，就必须办理经营执照才能合法经营。但是，根据《公司登记管理条例》第四十六条的规定，分公司是指公司在其住所以外设立的从事经营活动的机构。也就是说，分公司的设立必须与公司不在同一工商行政管理区域。而施工企业承揽的工程项目可能在企业注册地，也可能在外地。对于那些在企业注册地区有多个项目施工的企业而言，对本地项目实行"项目承包制"将无法通过设立分公司来合法化。

笔者在综合分析了行政机关和行政相对人双方的观点后发现，矛盾的焦点在于如何廓清"项目承包制"的合法边界。本文试图分析和回答这一问题，以期为工商部门依法行政和施工企业合法经营提供参考和借鉴。

一、"经营"或者"经营行为"的法律含义

鉴于"项目承包制"被行政处罚的主要理由是"无照经营"，笔者认为，首先有必要弄清关于"经营"的法律含义。

笔者曾经试图从我国现有的法律、法规、规章或者政府规范性文件中找到对"经营"或者"经营行为"的法律定义，但是未能如愿。于是，笔者产生了困惑，法律没有给"经营"、"经营活动"或"经营行为"下过定义，那么凭什么认定某人的行为属于"无照经营行为"或者"非法经营行为"呢？有人说，从字面理解，"经营行为"应当是为牟取利润而进行的活动。这种活动通常是直接为牟取利润而进行，也可能是间接为牟取利润而进行。可是事实上，又有很多公知的高收入行业及其从业人员的业务行为不被认为是经营行为，例如律师所和律师的业务行为、医院和医生的业务行为、学校和教师的业务行为等等。既然经营活动难以断然界定，对一些看似经营的单位，就难以让他们去工商登记注册。

笔者查阅了多种资料，概括起来，有关"经营"的定义主要有两种：其一是语文意义上的。经营就是指运筹谋划。其二是经济学意义上的。经营一般是指对经济活动具有支配能力的人们，为在有利的条件下实现更高的目标或在不利的条件下实现既定的目标，自觉利用价值规律进行的筹划、营谋活动，也即在一定经济目标支配下，运用价值规律进行的有组织的生产、购销、服务等活动。

从上述基本概念出发，结合笔者对于我国现有公司法、刑法、消费者权益保护法、工商管理行政法律中使用"经营"一词的立法目的和语境的理解，笔者认为，我国现行法律中的"经营"一词应当理解为：行为主体以自身营利为目的对外从事生产、加工、运输、仓储、销售、修理各类产品（主要是商品）或者提供服务的活动。在上述定义中，"以营利为目的"构成经营者从事经营活动的动因，经营活动中是否实际达到"赢利"目的在所不问；"对外"构成经营者从事经营活动的外向性，行为者的活动对象如果仅及于行为体内

部，仍然不构成经营活动，它排除了企业员工的职务行为，如工厂技师对本厂设备的检修活动，即便工厂可能为此向技师支付了高额的奖金或额外报酬。

二、"项目承包制"中承包行为主要是企业或承包人的经营行为还是企业内部的管理行为？

就本文所讨论的"项目承包制"中的工程施工问题而言，首先，施工建造建设工程产品无疑应当包括在上述定义的产品中；其次，不仅工程施工行为的结果是为施工企业和承包人之外的建设单位或者发包人生产建设工程产品，而且贯穿工程施工行为全过程的签订合同、采购材料设备、竣工验收交付、工程结算等关键活动均是相对于施工企业和承包人之外的对象进行的，因此，"项目承包制"中承包人具体实施的工程施工行为明显的外部性表明，上述行为主要不是企业内部的管理行为，因而那种认为承包人的承包活动完全属于企业内部管理行为而非经营行为的观点是不正确的。

三、"项目承包制"中承包行为是承包人个人行为还是企业授权的承包人职务行为？

如果结论是前者，则"项目承包制"中的工程施工行为就是承包人个人的经营行为，构成"无照经营"；反之，如果结论是后者，"项目承包制"中的工程施工行为就是企业的经营行为，则工商部门能否以"无照经营"为由对承包人进行行政处罚需要另外具体分析。为了回答上述问题，有必要对"项目承包制"中承包人的承包行为是承包人个人行为还是企业授权的职务行为加以厘定。

在几乎所有实行"项目承包制"的情况下，承包人与施工企业之间均存在一份书面或者口头的"承包协议"。在承包人需要对外建立商业关系时，企业又会以书面文件(如授权书、介绍信)或者行为(如在承包人与企业之外的他方谈妥的合同上加盖企业公章)给予承包人一定的授权。因此，承包人的承包行为主要或者通常是在施工企业的授权下对外实施的，因此，"项目承包制"中承包行为通常应被认定为企业授权的承包人职务行为，除非承包人的行为未取得授权或者授权失效或者超越授权。

四、"项目承包制"中企业授权的承包人职务行为的行政法律责任是否仅归属于企业，而不涉及承包人？

从民法意义上讲，在承包人是企业内部员工的情况下，承包人在企业授权范围内的行为在法律上是代表企业的职务行为；在承包人不是企业内部员工的情况下，承包人在企业授权范围内的行为在法律上是代理企业的代理行为。无论是代表行为还是代理行为，只要行为人的行为在企业授权范围内，即便企业授权不当，其对外发生的民事法律后果也将最终由企业承担，而与行为人无涉。

然而，民法意义上行为的合法并不能类推为行政法意义上的当然合法。

例如，就本文讨论的工程施工项目承包行为而言，在承包人虽是企业内部员工但不具有相应等级的项目经理资质的情况下，企业授权承包人代表企业担任项目经理的行为和承包人实施项目承包的行为因违反有关项目经理资质管理的规定均构成行政违法，则对企业和承包人均应按违反项目经理资质管理规定查处；在承包人不是企业内部员工的情况下，企业授权承包人代表企业担任项目经理的行为和承包人实施项目承包的行为因违反有关项目经理资质管理和禁止工程转包的规定也均构成行政违法，则对企业应按"违法转包"处罚，对承包人应按"无照经营"查处。因此，无论是代表行为还是代理行为，行为人的行为只有既在企业授权范围内，又符合行政法律规范的规定，其对外发生的行政法律后果才仅由企业承担，而与行为人无涉。

为突出主旨，本文集中探讨的"项目承包制"的承包人界定为本企业内部具有相应等级项目经理资质的员工，即"项目承包制"符合在本文开头笔者总结的被查处的承包人与企业之间签订的承包协议内容或者项目实施中的常见做法具有的第二个常见特征。

有人依据建设部文件《建筑施工企业项目经理资质管理办法》第二条关于“项目经理是指受企业法定代表人委托对工程项目施工过程全面负责的项目管理者，是建筑施工企业法定代表人在工程项目上的代表人”的规定认为,“项目经理是企业在该项目上的代理人,其行为是一种职务行为,产生的法律后果由企业法人承担。如果被处罚人是该企业的项目经理,那么其行为并非个人行为而应当是企业行为。项目经理在其负责的工程项目中的行为不需要领取营业执照,其行为后果应当由企业承担,所以工商行政管理部门不应要求该项目经理领取营业执照”(魏志强:工商查处“项目承包制”值得商榷,载《建筑时报》)。但笔者认为,上述魏文观点仅适用于行为后果的民事责任承担方面，而并不当然类推适用于行政责任的承担。也就是说,即便是经过企业授权的职务行为，如果企业的授权范围或者行为人的具体行为违反了有关行政法律规范的要求，行为人个人也可能对行为后果承担相应的行政责任。事实上,《建筑施工企业项目经理资质管理办法》第六条规定,项目经理在工程项目施工中处于中心地位，对工程项目施工负有全面管理的责任。第八条又规定,项目经理在承担工程项目施工的管理过程中，应当按照建筑施工企业与建设单位签订的工程承包合同，与本企业法定代表人签订项目承包合同，并在企业法定代表人授权范围内,行使以下管理权力:(1)组织项目管理班子;(2)以企业法定代表人的代表身份处理与所承担的工程项目有关的外部关系，受委托签署有关合同;(3) 指挥工程项目建设的生产经营活动,调配并管理进入工程项目的人力、资金、物资、机械设备等生产要素;(4)选择施工作业队伍;(5)进行合理的经济分配;(6)企业法定代表人授予的其它管理权力。从上述行政文件的两条规定可以看出:首先,项目经理的权限被主要限定在对工程项目施工的涉及企业内部人、财、物的全面管理方面,几乎不涉及企业对外经营。需特别注意的是,上述第(3)项调配并管理生产要素应当理解为企业内部的生产要素,第(4) 项选择施工作业队伍应当理解为选择劳务分包队伍;其次,项目经理行使的管理权限还必须同时处于企业法定代表人的授权范围内。因此,实行“项目承包制”的项目经理作为承包人的行为必须符合上述两项要求和行政法律的其他规范要求，其组织实施的施工承包行为作为一种职务行为而产生的行政法律后果才由企业法人承担。

五、企业法人内部机构或者分支机构依法是否应当进行工商登记?

根据《公司法》的规定,公司设立分公司应当申请登记,领取营业执照。又因为法律要求分公司有自己的法定名称、营业场所、负责人和经营范围,因此分公司具有一定的人格(单部具备独立的法人人格)，可以以自己的名义对外从事经营活动。同时《民事诉讼法》第四十九条规定,公民、法人和其他组织可以作为民事诉讼的当事人。而《最高人民法院关于适用<中华人民共和国民事诉讼法>若干问题的意见》中又进一步明确,民事诉讼法第四十九条规定的其他组织是指合法成立、有一定的组织机构和财产,但又不具备法人资格的组织,包括:……(5) 法人依法设立并领取营业执照的分支机构……,因此,分公司可以成为民事责任主体。但《公司法》第十三条规定,分公司不具有企业法人资格，其民事责任由设立分公司的公司承担。笔者认为,《公司法》与《民事诉讼法》及其司法解释的上述规定并不互相矛盾。因为,一方面,分公司有一定的财产决定了它可以成为民事责任主体；另一方面，分公司的财产又构成公司独立法人财产的一部分,分公司以其财产对外承担民事责任的法律后果就是公司对外承担了民事责任。

企业的内部机构或者分支机构是在企业内部履行特定职能的机构,如:办事处、部门、车间、生产班组。因为它们没有法律上的任何人格,它们不能以自己的名义对外从事经营活动。因此,分公司与企业的内部机构在法律属性上有着本质的区别。然而,尽管如此，是不是企业内部机构一律不须办理工商登记呢？根据《企业法人登记管理条例实施细则》第四条的规定，如果企业法人所属的分支机构构成经济实体，也应当作为不具备企业法人条件的经营单位申请营业登记。

因此，实行“项目承包制”的施工项目部作为企业法人所属的分支机构，如果符合分公司设立的条件，应当设立分公司，领取营业执照，合法经营。如果项目部不符合分公司设立的条件，但构成企业内部的经济实体的，也应当进行营业登记，否则将构成“无照经营”。

六、项目承包部是否构成《企业法人登记管理条例实施细则》规定的必须申请营业登记的“经济实体”？

企业内经济实体的典型特征是：独立核算、自负盈亏、自主经营。具体说来就是在企业内部，与企业的其他组成部分之间人、财、物权的相对独立，经济风险和法律责任的相对独立。上述各项独立的效力仅及于企业内部，不能对抗企业外部的其他方。而目前绝大多数实行“项目承包制”的施工企业的工程项目部的承包经营方式确实具备独立核算、自负盈亏、自主经营的特征。下文结合本文开头述及的工商部门列举的承包人四种情形的“行政违法事实”和笔者总结的被查处的承包人与企业之间签订的承包协议内容或者项目实施中的常见做法具有的四个常见特征进行具体分析。

“行政违法事实”中的“承包人自行采购施工材料、自行支付工人工资费用”、“承包人拥有施工机械设备的产权”和“承包人自行招募施工人员”，再加上“项目承包制”的常见特征中的“项目施工中的所需资金由承包人自行筹措”，属于典型的项目部或承包人的“自主经营”行为。特别是在施工主要技术人员(主要指建设部第124号令《房屋建筑和市政基础设施工程施工分包管理办法》中所指的五类人员：项目负责人、技术负责人、项目核算负责人、质量管理人员和安全管理人员)非本企业员工的情况下，承包人赖以开展经营活动的物质基础(人、财、物)已经基本或者完全独立于法律要求施工企业从事一定规模的施工经营活动所必须具备的“独立的企业财产、适当的企业技术力量和生产设施、经营活动所需要的资金和从业人员和相应的财务核算制度”，企业与承包人经营活动之间的实质联系只限于企业按约定向承包人收取定额管理费(如“行政违法事实”之四)；企业与承包人经营活动之间的形式联系只体现在企业为承包人的对外经营活动提供形式上的授权(如“项目承包制”的常见特征之一)和对外结算使用企业账户形式上的便利（如“项目承包制”的常见特征之三)。所谓形式上的授权和便利是指企业的授权和提供结算账户几乎完全按照承包人的要求进行，不会对承包人的要求进行实质性审查监督。此外企业对项目实施的全过程也几乎不予干预（如“项目承包制”的常见特征之四)，除非出现承包人的行为对外产生了法律后果而承包人不愿或者无力自行承担时。至于“行政违法事实”中的“承包人与施工企业约定只向施工企业缴纳定额管理费，项目盈亏风险由承包人自行承担”更清楚地表明了项目部具有的企业内经济实体的另两项典型特征：独立核算和自负盈亏。

因此，实行“项目承包制”的施工项目部或者承包人的承包行为只要实质上符合“独立核算、自负盈亏、自主经营”的本质特征，就应当构成企业内经济实体，必须申请营业登记。

国家工商行政管理局《对企业在住所外设点从事经营活动有关问题的答复》(工商企字[2000]第203号)第一条明确规定：依据《公司登记管理条例》和《企业法人登记管理条例》以及国家工商行政管理局《关于企业增设经营场所是否要登记管理有关问题的答复》(工商企字[2000]第103号)等企业登记管理有关规定，经工商行政管理机关登记注册的企业法人的住所只能有一个，企业在其住所以外地域用其自有或租、借的固定的场所设点从事经营活动，应当根据其企业类型，办理相关的登记注册。同时在第五条中又规定：根据国家工商行政管理局《关于企业法人持原登记机关营业执照在异地从事经营活动有关问题的答复》(工商企字[1996]233号)的原则，企业法人可以在异地以自己的名义从事经营活动，对于不属于设点经营的，不应按“无照经营”处理。笔者认为，鉴于绝大多数施工企业在注册地以外施工时，即便不实行“项目承包制”，一般也在其住所以外地域用其自有或租、借的固定的场所设点从事经营活动。因此，施工企业在注册地以外施工时一般应申请营业登记，否则企业或者实行“项目承包制”的承包人可能涉嫌“无照经营”。

七、建筑施工企业的经营行为是否仅受建设行政法律规范约束？

针对本文提及的工商部门的上述执法行为，施工企业和项目承包人当中还存在一种观点。他们认为：建筑施工企业的经营行为一直由建设行政主管部门来约束规范，企业也一直以建设行政主管部门的规定作为开展经营活动的依据，企业和项目承包人是按照建设行政主管部门有关项目经理资质管理规定和施工承包管理规定开展的“项目承包制”，如果有违法经营行为，也应由建设行政主管部门查处，工商部门的查处是“越权”。笔者认为，上述观点不能成立。首先，建筑施工企业是众多行业类型中的一类企业，工商行政管理机关对于各类企业的对外经营活动均负有行政管理的职责，除非法律另有规定；其次，建筑施工企业开展经营活动不仅要建设部门的行政法律规范，还要符合对其有约束力的其他部门的行政法律规范(如工商、税务)。对“无照经营”行为的查处显然属于工商部门的执法范围。但个别工商部门同时以“工程转包”为由处罚承包人所在的施工企业的做法涉嫌“越权”。最后，建设行政主管部门涉及“项目承包制”的有关规定未对项目承包部是否应当办理营业登记作出要求，并不表明项目承包部无须办理营业登记，而是因为某一经济组织是否应当办理营业登记已经超出了建设行政主管部门的行政职权，应当由有权部门即工商部门加以规定。更何况，工商部门对“无照经营”行为的查处依据的法律规范是国务院行政法规《无照经营查处取缔办法》，其法律效力高于建设部的所有部门规章和规范性文件。

八、在现行法律规范下施工企业如何合法实行“项目承包制”？

根据以上分析，笔者对施工企业如何合法实行“项目承包制”提出如下建议：

1.项目承包方式符合“独立核算、自负盈亏、自主经营”特征的项目部应当办理营业登记。

营业登记的类别可以是分公司（适用于在公司注册地工商行政管理区域以外的项目部）或者是企业内其他分支机构(适用于所有的项目部)。

2.改变项目承包方式，在企业“统一核算、统一经营、统一承担盈亏”的原则下，建立灵活的足以调动项目经理管理积极性和维护企业合法利益的项目责任制。

3. 项目部无论依法是否应当办理营业登记，项目经理应当做到：第一，设立的项目部应当具有与承包工程的规模、技术复杂程度相适应的技术、经济管理人员。其中，项目负责人、技术负责人、项目核算负责人、质量管理人员、安全管理人员必须是本单位的人员，即与本单位有合法的人事或者劳动合同、工资以及社会保险关系的人员。第二，在建设部规范性文件《建筑施工企业项目经理资质管理办法》(建建字[1995]1号）和2007年3月1日施行的建设部部门规章《注册建造师管理规定》(建设部令第153号）规定的项目经理和注册建造师的法定权限内和企业法定代表人授权的范围内行使项目管理权利。第三，施工中所使用的资金主要应当由企业投入，机械设备主要应当为企业所有或者经营业登记的项目部所有，或者由企业或者经营业登记的项目部对外承租。第四，主要的对外合同(如总承包、采购、劳务分包、工程分包合同）应当履行企业审批和盖章签署的手续。第五，主要对外收支应当履行企业统一的财务手续，并按照财务规定建立项目财务核算制度和账册。第六，招聘员工时应履行员工与企业签订劳动合同、建立工资和社会保险关系等手续。第七，不应约定企业收取承包项目的固定管理费或承包费。特别是在项目部依法可不办理营业登记的情况下，企业应当承担主要的经营风险，获得主要的经营利润。

总之，合法实行的“项目承包制”特别是项目部未办理营业登记的“项目承包制”应当避免出现下列情形，即在企业既没有实际投资，也不参与经营管理，只是收取“管理费”或“承包费”，项目部从事承包活动的资产主要均非企业投入，企业对项目承包活动中的主要生产资料不享有所有权，承包人独立进行生产经营，利润主要归承包人所有。

建筑公司市场营销管理

◆ 黄克斯

(中国建筑第八工程局，北京 100097)

美国市场学家彼得.杜拉克(Peter.Drucker)认为：做恰当的事比恰当地做事更为重要[1]。做恰当的事即是制定正确的战略,恰当地做事则是方法问题。就战略与方法而言,战略是关系全局的、长期的事,战略决定着事业的成败,差之毫厘,失之千里。建筑公司市场营销战略是建立在营销导向基础上的。在生产导向阶段,公司关注的是产量;在推销导向阶段,公司的重点是推销货物;只有在推销导向阶段,公司的重点才在于满足社会需求,推进公司的扩大和发展,追求公司市场占有率和长期经济效益的提高。公司市场营销发展战略是公司进步、公司现代化的要求。

一、建筑公司整体性市场营销

市场营销活动作为一种有目的、有计划、有过程的人类事业，决不仅仅是靠某一要素的作用能完成的。现代建筑公司是把市场营销看成为建筑公司内外部条件相互依存、相互制约过程中一个动态子系统,并着力运用系统工程原理,实施系统化营销,以促进营销系统的有效运转,提高营销的总体绩效。前面已经提到，市场营销的整体性是将满足消费者需要这个主导思想贯彻于整个组织的每一项计划、每一次决策、每一位员工、每一级层次、每一个机构、每一项活动之中。现代的科技水平已使市场的供给极大地丰富了，建筑公司面临的有效市场需求不足的矛盾日益突出,在这种情况下,要想在市场竞争中立于不败之地而有所作为，建筑公司必须充分发挥自身的内在潜力和优势，才有可能争得市场竞争中的一席之地。因而,能否彻底、全面、充分挖掘出建筑公司内在每一构成要素的潜力成为市场营销商获得营销优势的最重要的策略之一。具体来看,建筑公司整体性市场营销战略包含以下几个方面的内容：

1.营销产品的全满意

由于生产力的发展,社会的进步,消费观念的转变，产品的概念已不再局限于实用性和技术性的范围,还具有社会性、伦理性、道德性、文化性和国际性等问题,有时在一些特定的时空范围内,还要远远超过前者(实用性和技术性)的影响力,甚至起决定性的作用。因此，要从两个方面使营销产品达到全满意,一方面是营销产品的使用者和影响者;另一方面是营销产品的属性。

2.营销活动的全参与

营销活动不等于销售活动，销售只是营销的一个重要组成部分。建筑公司的营销始于建筑产品生产出来之前,贯穿于产品开发、产品生产、产品销售和售后服务的全过程。只靠销售人员,没有全体职工的参与是搞不好营销的。实现营销活动的全参与,并不是要公司的全体人员都去搞销售,而是要求全体人员都应树立正确的营销观念,不要把自已置于营销活动之外,更不能把营销活动看成与已无关的事。

3.营销职能的全组织

建筑公司营销的职能有:开展市场调查、搜集信息情报、建立销售网络、开展促销活动、开拓新的市场、挖掘潜在顾客、进行产品推销、提供优质服务、开发新产品、满足顾客的需要等。市场营销是建筑公司的基础，不能把它看作是单独的职能。从营销的最终成果，亦即从顾客的观点来看，市场营销就是整个公司的工作。建筑公司要把市场营销职能渗透到公司的各个职能部门的工作之中。

4.营销服务的全时空

全时空服务即全时间服务与全空间服务。全时间服务就是全阶段、全过程的服务，也就是人们通常说的售前、售中和售后服务。全空间服务就是全体服务，也就是形成立体网络化的服务体系：既无时间性、也无地域性。

5.营销谋略的全方位

公司谋略指战略、策略与谋划。公司战略是有关公司全局的长远谋略，是公司为实现其经营总目标而制定的一种全盘的总规划。策略是指公司在竞争的实际过程中所采用的各种技巧的总称。谋划是指公司在实施战略、策略过程中所运用的各种方式、方法和手段的组合。建筑公司谋略必须是全方位的，不能只注重于某一个方面的策略，必须在营销谋划上注重智囊团，还要借助于社会的智慧。俗话说："谋事在人，成事在天"。对建筑公司来讲，"天"就是机遇，谁能抓住机遇，并根据客观的条件，用科学的方法加以谋划，做出正确的决策，谁就能取得经营的成功。

6.营销关系的全发展

建筑公司始终处于激烈竞争、瞬息万变的环境之中，不仅公司内存在多种关系，公司与外界更有广泛而复杂的关系，诸如员工关系、公司与顾客的关系、公司与竞争者的关系、公司与销售商的关系、公司与政府的关系、公司与社区组织的关系等等，以上这些形成一种关系体系。公司必须全面发展这些营销关系，才能更好地开展各项营销活动。科特勒曾指出："公司必须放弃短期交易的导向目标，确立长期的关系建立目标。"由此可见，发展关系不是什么权宜之计，而是一项长期的任务。

通过以上论述可以发现，建筑公司实施整体性市场营销战略，不仅可使消费者获得充分满意的产品和服务，而且可提高公司的营销绩效，获得市场竞争的优势，从而使建筑公司在市场中持续发展。

二、建筑公司形象营销

在竞争日益激烈的现代市场经济中，顾客的选择也日益多样化，而促使其做出决定的，很大程度上取决于产品形象和公司形象。因此，树立良好的公司形象，大力开展公司形象营销，既是推进公司经营战略的有力手段和实现目标的重要保证，也是公司整体战略更高层次的战略举措。

公司形象是消费者、社会公众以及公司内部员工和公司相关部门与单位对公司、公司行为、公司的各种活动结果给予的整体评价与一般认定，是某一特定范围内人们对组织印象的整合[3]。60年代至今，欧美进入了市场形象营销的全盛时期。虽然，许多公司在市场形象营销的市场调查、研究发展、宣传教育、组织管理等过程中花费了大量人力、物力、财力，但所取得的市场占有率及树立的良好的公司形象则是无价的财富。

在建筑行业，由于科技和通讯技术的发展，建筑公司生产的同种产品差别越来越小，公司间的竞争已从局部的产品竞争、价格竞争、资源竞争、人才竞争等发展到公司的整体竞争——形象竞争。建筑公司形象营销是通过将建筑公司及其产品、服务等个性化、特征化，并将这些个性与特征传递给一切可接受该信息的公众，使其对建筑公司及其产品、服务产生统一的认同感和价值观，推动建筑公司公众关系的顺利运转，增强产品竞争力、吸引优秀人才、增强股东信心、稳定合作关系等，从而达到促销公司、促销产品和促销服务的目的。

大量实践证明，将公司形象营销引入建筑公司，是公司成功的营销战略，是时代的呼唤。

1.塑造血肉丰满的公司形象是树立鲜明的公司标识的需要

在明确经营理念后，采用统一的形象和一致的格调，把建筑公司的名称、标志、设计文字、造型、颜色、图案以及公司经营方针、行为规范、文化氛围、公关特色等，通过建筑公司及员工自身，通过外界传媒传递出去，向社会公众展现系统、完善的公司形象，给人们造成感觉冲击，内化为人们心目中深刻的印象，大大提高公司的知名度。

2.引入建筑公司形象是增强公司对员工的凝聚力的需要

卓越的公司形象对外能适应消费者的消费心理;对内则能强化员工的归属意识,保持公司旺盛的生命力。公司对员工有没有凝聚力,体现在四个方面:一是现状收入和福利待遇;二是员工积极性和创造性的调动程度;三是公司在社会上的知名度;四是公司向员工展示的发展前景。这与公司的整体形象直接相关。建筑公司通过自己形象所具有的魅力感染身在其中的每一位员工,使员工在认同的价值观的基础上凝聚起来,形成同质群体。

3.建筑公司形象营销是获取社会公众对公司形象认同的需要

随着公司多元化经营的不断拓展,建筑产品的种类也必然增多,商标、品牌及其它经营环节的不一致性也容易出现,从而会淡化公司的主体形象。通过公司形象营销,社会公众可以获得统一、规范、完善的公司整体形象。

4.建筑公司形象营销是适应消费者心理的需要

良好的公司形象能适应广大消费者的"名牌"意识和炫耀性消费心理,这一点在激烈的市场竞争中表现得淋漓尽致。一种产品如果是由名不见经传的公司生产,销路往往不畅,一旦冠以著名公司的商标,立即身价百倍,甚至供不应求。如果公司和产品品牌得到社会公众的广泛信任和赞许,该公司标志就在某种程度上满足了消费者的自尊心和虚荣心,从而刺激了购买欲望。

进入90年代以来,建筑公司集团化已成为国际建筑业发展的特征。在我国,随着公司改革的不断深入,这一特征日趋明显。我国加入WTO后,同时面临国际、国内两个市场的激烈竞争,这就要求国内建筑公司在市场竞争中树立鲜明的公司形象,实施公司形象营销战略,以统一、标准、规范的对外宣传和步调一致又充满活力的经营管理,抢占和定位市场。这样既可以避免"形象移位",互相残杀,又可以避免"形象弱化",竞争乏力。建筑公司之间竞争的加剧必然使建筑市场上同类型产品日益增多,而现代科技的发展和广泛应用,则缩小了公司之间产品性能的差距,在这种情况下,不能再依托单纯的产品性能来吸引消费者,而需要通过塑造鲜明的公司形象来争取消费者。建筑公司整体形象的设计、营销,有赖于人才和技术创新作为后盾,公司形象的影响力如何,很大程度上反映了公司技术创新实力水平。随着新技术、新工艺、新材料的迅速开发和传播,产品更新换代步伐大大加快,促进了消费观念的转化,公司需要依据自身的实力和经营目标,重新定位传播对象,吸引和争取消费者。建筑公司形象营销的引入,必然更注重整体科技实力的提高,注重市场应变能力的增强,确保公司在市场竞争中立于不败之地。

良好的公司形象,是一种比产品、市场、技术更为重要的战略资源,是公司的无形财富。现代市场经济竞争的软性化,突出地表现在公司形象上。一个公司如果能以良好的形象出现在社会公众面前,就会不断地提高自己的知名度和美誉度,就会给公众一种美好的、亲切的印象,一种"靠得住"的感觉,并大大提高公司的竞争能力以及公众对公司的依赖和认同程度。正因为良好的公司形象对公司生存与发展有着举足轻重的作用,我国的建筑公司应该着力制定公司形象营销战略,在公司形象策划上,力求抓住全局,把握未来,求变创新。要把公司放到当前国际、国内的政治、经济、科技、文化等大环境中去,找出影响公司生存发展的各种因素,进而运用系统分析和结构理论,明确公司的主攻方向,并由此基础上设计、营销公司形象,体现出整体优势;同时,要树立长远观点,对涉及公司发展的"未来事件"或"现在事件的未来后果"做出正确的预测和判断,在变化莫测的市场竞争中,审时度势,快速反应,努力创新,依靠强有力的公司形象营销体系,使建筑公司形象不断升华,推进公司迅速发展。

三、建筑公司品牌营销

在竞争激烈的市场中,品牌是产品的灵魂,公司的生命,进入市场的通行证,占领市场的王牌,从某种意义上讲,品牌不但是一个公司生产形象和经济实力的象征,也是一个国家和民族工商业品位高低的标志。我国加入世贸组织,市场之门向众多公司敞开,国内国际市场接轨,使市场成为品牌产品瓜分的天下。

1.建筑公司品牌特征

(1)品牌种类的单一性。建筑公司仅有公司品牌,没有产品品牌。这是由建筑产品先签约后生产(即定做)、建筑公司不具有产品所有权的性质所决定的。根据这一特点，建筑公司要认识到品牌塑造空间的局限性，集全力打造公司品牌。

(2)品牌形成的复杂性。建筑公司的品牌形成是多因素共同作用的结果，其中包括公司的生产经营能力、建筑产品的质量和商业道德等。目前国内实行建筑公司资质管理所反映出的结果，即建筑公司所拥有的专业资质的情况从一个层面体现了该公司的品牌价值。

(3)品牌保持的长期性。品牌是每一个公司通过长期、持续的市场竞争活动而形成的。建筑公司要取得良好的社会评价，形成良好的品牌，就必须经过大量、长时间和有效的市场营销、施工管理、技术创新、CI宣传和优质服务等一系列智力投入才能形成。而一旦形成，品牌也具有惯性特征，即可以在相当长的时间内保障稳定，并能进一步促进公司的市场开拓，却不会因为产出的增加而耗减。

(4)公司品牌对名牌工程的强依赖性。首先需要说明的是，"名牌工程"并非"著名品牌工程"，因为建筑公司是没有产品品牌的，之所以称为品牌工程，是一种习惯性称呼，指的是名气大、质量优、通常还获得过重大奖项的工程。建筑公司品牌的形成，对名牌工程有很强的依赖性。一个不容忽视的事实是，社会公众往往只知工程，不知公司，更不知品牌，往往以工程介绍公司。产生这种现象的根源在于建筑品牌优越的展示性能给公众留下对工程的深刻印象，而建筑公司自身长期以来品牌一是淡薄，不重视品牌的确立和推广，公众很难形成对品牌的印象。因此，建筑公司必须将品牌塑造始终置于创建品牌工程的坚实基础之上。

2.建筑公司品牌现状

(1)形成了公众认可品牌的公司寥寥可数。目前已成为知名品牌的国内建筑公司有中国建筑、中铁建、上海建工、北京城建、北京建工、浙江广厦等为数不多的几家，其公司上市对品牌的形成起到了重要作用。

(2)品牌名称极易混淆。由于历史的局限性，建筑公司的名称以行政区划、行业、数字命名极为普遍，以行业为例，冠以"中建"、"中铁"、"中港"、"中油"、"中煤"等字头、称谓近似的公司随处可见；以行政区划为例，几乎千篇一律称为"某某建工集团"、"某某建工几公司"。面对建筑公司以公司简称代替品牌名称、公司简称又如此雷同的现状，公众要认准公司品牌难度可想而知。

(3)品牌名称使用极为随意。很多建筑公司都具有若干个简称，不仅容易混淆，而且使用简称极为随意，公众很难形成准确的品牌概念；更有甚者，由于名称的不一致，对品牌本身起的是负面影响。

(4)不重视商标注册。建筑公司大多只进行了公司名称的工商登记，而未对商标进行注册，或者根本就没有商标，这是建筑行业有别于其他行业的一个显著特点，反映出建筑公司品牌意识相当滞后。

(5)注册商标时重图形标志，轻品牌名称。这个问题在中国公司较常出现，可称之为"标志情结"。商标能图文并茂固然好，但必须明确，商标系统不可缺省的是品牌名称，图形商标则非商标所必需。直接采用品牌名称的文字性商标已被越来越多的公司所采用，如微软的"Microsoft"，海尔的"海尔Haier"。甚至还有公司在商标上标注一个与品牌名称完全不相干的"商标名"，实属画蛇添足，并对品牌领地形成了侵犯。

3.建筑公司品牌塑造

中国建筑市场的不断发展，促使中国建筑业逐渐进入品牌竞争时代。一方面，品牌展示了公司的综合形象，具有不可估量的市场价值，它的形成始终贯穿于公司发展之中；另一方面，品牌又是一个建筑公司综合素质的标识，它不能被公司的规模和业绩所替代。综观现代建筑公司的成功与失败，无一不与其品牌塑造的成败密切相关。因此可以说，品牌已经成为建筑公司生存与发展的重要支柱，成为建筑公司参与国际竞争的利器。甚至可以说，品牌必然是未来建筑公司的核心竞争力。

因受一些先入为主的观念影响，建筑公司决策者可能对品牌存在一些误解，因此，为了有效地塑造建筑公司品牌，建筑公司决策者需要确立正确的品牌观，明确三个品牌观念。

第一，"树品牌"不等于"做广告"。有些建筑公司的决策者认为，塑造品牌就是做广告，于是公司就不停的做广告，其结果是知名度大大提高了，但提高的不是在目标消费群体之中，而是在大部分与建筑消

费无关的群体之中。而且，即便针对目标消费群体，通过广告轰炸提高了品牌知名度，也并不能证明是品牌塑造的成功。实际上，广告更多的是建筑公司进行品牌维护工作的必要手段。建筑公司塑造品牌尽管在一定程度上离不开广告，但又不能只有广告。换句话说，除了做广告，建筑公司仍有大量的事情要做，以全面提高品牌知名度、美誉度和忠诚度。

第二，"树品牌"切忌盲目跟风。由于中国建筑公司的品牌塑造尚处于起步阶段，没有成熟的系统的理论可供参考，所以许多公司不仅塑造品牌的方式盲目跟风，连做广告也盲目跟风，致使大量的广告费"打水漂"不说，更严重的是影响了公司的品牌塑造进程。例如，笔者所在区域的一些建筑公司热衷于做路牌广告，一块广告牌少则20多万，多则近百万，实际效果如何暂且不去定论，把有限的广告费都投入到路牌广告上本身就是极其失策的。正确的做法应该是结合自身公司特征先有个广告预算，然后依据建筑行业的特点，制定合理的广告投放方案，按照轻重缓急来分布广告费，充分考虑可以借助的媒体（不只是户外广告），以达到品牌形象的整体提升。

第三，品牌塑造不只是营销管理的组成部分，而是公司战略的重要组成部分，应该从公司战略的高度进行品牌塑造和管理；品牌塑造的具体表现不只是营销、广告、传播，而是由内往外的公司综合力量的持续传递，它应包含建筑公司的一切内外行动因素；而且品牌塑造是协调与平衡建筑公司自身的发展战略与看法、具体做法和客户看法的管理工具和商业系统，能帮助建筑公司定位的落实、控制、持续、平衡与发展，增强建筑公司的核心竞争力，大幅提升建筑公司的经济效益和社会效益。

第一步：精准地进行品牌定位

建筑公司要塑造品牌就必须给品牌一个合理、明确、独具个性的品牌定位。全国建筑业公司大约有五万个，如果建筑公司没有自己明确的、独具个性的品牌定位，人云亦云，便很难在这个行业内发出自己的"声音"来。"话语即权利"是个真理，"声音即权利"对于品牌来说同样是个真理。建筑公司在发展过程中如果没有自己的"声音"，就会一步步被其它建筑品牌的"声音"淹没，淹没的结果只能是公司市场份额逐年降低，并渐渐退出建筑市场。品牌定位不是一件简单的事，更不是公司领导者主观上的某个想法，它需要结合公司现状和公司战略远景、行业现状以及社会发展的总体趋势来进行综合分析。例如，如果一个现在没有建筑总承包资质的公司，把自己定位成中国建筑行业的领导者显然是不合实际的。比较合理的做法是认真分析自身的设计水平、设备条件、施工实力等，然后仔细研究本地区实力与自己相当的公司，找出自己与他们竞争的优势和劣势，以及所处环境的机会和威胁。最后辅以SWOT分析、人性品牌分析（又称"四境界"分析，即：产品境界分析，人性境界分析，需求境界分析，品牌境界分析）等分析工具，系统的加以分析，确定自己的合理定位。此外，建筑公司在定位时需要明确的一点是，"存在即合理"，也就是说，任何建筑公司只要存在就有其存在的理由，就必然有与其相适应的定位存在，因此建筑公司的决策者要有信心找到自己公司的合理定位以推动公司的健康持续发展。

第二步：精细地进行品牌传播

一方面，越来越多的建筑公司开始投入大量资金做品牌；另一方面，由于信息过剩，社会处于注意力紧缺时代，大量资金投入下去之后，品牌却未见明显的起色，品牌传播的难度也越来越大。这就意味着，粗犷的品牌传播方式已经不适合建筑公司塑造品牌的需求。换句话说，建筑公司要成功塑造品牌，其品牌传播就必须精细化。而建筑公司品牌传播的精细化操作又需要在精准的品牌定位之后，从五个方面来具体实施。

(1)实施"全员品牌管理"

品牌的根本要素是人，一个成功品牌的塑造不是一个人、一个部门或一个咨询公司能够独立完成的，它需要公司全体员工的参与，要求全体员工都必须有品牌管理意识，有意识地维护品牌形象，即要进行"全员品牌管理"。例如，建筑公司的品牌塑造，不仅需要卓越的销售，优秀的设计，精良的制造，也需要优质的施工和真诚的服务。因此，只有在每一个环节都有强烈的责任心和自觉的品牌意识基础上，一个公司才能最终塑造出良好的品牌。例如，如果一个建筑公司的销售员把自己公司的工程质量说得如何如何优异，但是工程竣工后，每逢下雨必漏水，打电话催促维修又"只听人答应,却不见人影",那么这样的公司无论如何也不可能塑造出成功的品牌。换句话说,品牌塑造必须以优异的工程(产品)质量和真诚的客户服务为基础,所以说品牌塑造需要全体员工的全程参与。

事实上,每一个人都有自己的品牌,公司品牌要以公司员工的个人品牌为基础,亦即公司的"大品牌"很大程度上是由全体员工的"小品牌"有机的集合而成的。现在的公司要成就卓越品牌,其员工必须重视个人品牌的建设,因为公司员工是外界了解公司的"活广告",只有良好的个人品牌形象才能传播良好的公司品牌形象,否则,公司的品牌形象就失去了赖以生存的根基,成了"无本之木"。尤其是建筑公司销售人员的个人品牌,它直接影响到客户对建筑公司品牌的评价和定位。一个衣冠不整、说话吞吞吐吐的销售员即使把自己的公司说得天花乱坠也很难赢得客户好感。举例来说,以前有个网络公司的销售员不经预约就径直闯进公司说要提供做网站的系列服务,并再三强调自己公司的品位和实力,但是从他满头和肩膀上的头屑以及缺乏自信的语言表达上,笔者很难相信他所强调的实力和品位,至于结果则自然可知。

(2)识"势"造"新闻"

建筑公司塑造品牌的关键是做公关,而不是做广告。这一点已经逐渐得到许多建筑公司的共识。创造并发布新闻又是建筑公司公关活动必不可少的关键环节。因此,创造合适的新闻就自然成了品牌塑造工作的重中之重。那么,从建筑公司的角度来说,什么样的新闻才是合适的新闻呢?笔者认为,对建筑公司品牌有帮助同时又对社会有益的新闻才能称作合适的新闻。以下,我将简单阐释一个品牌创造合适新闻的四个要素:识社会发展之"势";识行业发展之"势";识公司发展之"势";识大众兴趣之"势"。

第一,识社会发展之"势"。社会发展之"势",顾名思义,指一个社会发展的总体趋势。创造新闻必须认清社会发展的趋势,如生活水平日益提高,越来越以人为本,或者说越来越充满人文关怀等等。当然更重要的是,创造新闻还必须注意结合一定社会发展阶段的焦点,比如关心弱势群体、民工工资、工地安全问题等等,新闻的创造最好是符合社会发展趋势,并有助于良好社会风气的培养与形成,为社会的进步做出力所能及的贡献。反之,新闻即使能够发表出来,也是"负面新闻",对品牌伤害很大。比较成功的案例有,识中国申奥之"势",农夫山泉赞助北京申奥活动相关新闻;识建筑钢结构行业发展之"势",潮峰钢构赞助华东地区高校结构设计大赛相关新闻;识社会焦点及关爱生命之"势",SARS期间娃哈哈等众多公司的捐赠活动相关新闻等等,举不胜举,都值得大家借鉴。

第二,识行业发展之"势"。识行业发展之"势",即:认清一个行业发展的主要趋势。相对于社会发展之"势"来说,这一点对于公司的作用更加直接,因为一个公司的新闻如果挖掘或顺应其所处行业发展之"势",那么其不仅容易在相关媒体上发表,而且很容易得到广泛传播。例如,富亚老总喝涂料相关新闻,引起了社会的高度关注,在快速提升品牌知名度和美誉度的同时,也推动了整个行业的健康发展;潮峰钢构在深刻洞察建筑钢结构行业发展趋势的基础上创作出指导行业发展的新闻,分析指出行业已经进入全面洗牌阶段,并指出了应对洗牌的组合策略等等,在被数百家媒体转载的同时,也为其他同行公司认清行业发展趋势做出了自己的贡献。

第三,识公司发展之"势"。识公司发展之"势"的作用同样十分重要,因为,一个公司的新闻主要还是为公司的品牌服务,只有认清公司发展之"势",即:公司发展远景和战略战术,公司创造的新闻才能推动品牌发展,促进公司品牌的可持续发展。此外,我有个观点叫"品牌即人品",即:品牌在体现人的劳动成果的同时,还集中展现着品牌塑造者的综合品质,甚至可以更直接的说,品牌是其全体品牌塑造人员人品的直接展现。举例来说,如果消费者买了某个品牌的空调,发现空调质量很差,售后服务质量也很差,那么我们基本可以断言,其品牌塑造人员的人品基本上与空调在一个档次上。因为,有什么样的品牌塑造人员,基本上就决定了其相关产品和服务的质量。建筑公司同样如此。而且,通过分析一个品牌发展过程中的新闻状况,基本可以了解品牌拥有者的人品状况。这样说的目的是表明,一个品牌要创造合适的新闻就务必识公司发展之"势",不可违背公司实际状况和发展远景,否则一旦品牌成长到一定程度后,"爆炸式"的暴露出一些问题,品牌的生存和发展都会出现危机，例如众多不断死亡的保健品品牌，都应该引起大家的深思。正面的例子也有很多，如联想收购IBM公司PC业务的相关新闻，万科王石卸任前后的相关新闻、长虹倪润峰退位引发的相关新闻等等，都在一定程度上促进了其品牌的发展。

第四，识大众兴趣之"势"。识大众兴趣之"势"是指新闻内容必须符合大众或广大消费者的兴趣发展态势以及某个阶段的兴趣重点，并且新闻内容能够给大众暗示：××品牌的产品或服务能够为消费者带来潜在的利益。这样就能切实提高品牌在社会大众或消费者心中的知名度、美誉度，甚至可以提高他们的忠诚度。关于这方面的新闻很多，如，奥克斯空调"9.11反恐"(反对空调的价格恐怖)活动的相关新闻，价格屠夫格兰仕每一次大规模降价引爆的相关新闻等等，就非常清晰的告诉消费者：奥克斯空调价格不存在恐怖，格兰仕产品价格公道，童叟无欺等等。这些新闻的创造为消费者带来实实在在的利益，容易激起他们的购买欲，也值得大家在创造新闻时学习和借鉴。

最后，一言以蔽之，准确的认清四"势"，品牌塑造人员才能创造出合适的新闻，以推动建筑公司品牌的健康持续发展。

(3)重视传播细节

建筑行业是一个必须重视细节的行业。要做到建筑品牌的精细化传播，就必须在制定完善的中长期战略和行之有效的短期策略基础上，注意品牌传播过程中的细节，尊重历史文化，实事求是，尽量避免品牌传播中出现常识性错误，以减少对品牌受到的伤害，否则"千里之堤，溃于蚁穴"绝对不是危言耸听。下面借助两个非建筑行业的案例来阐释这一观点。

金六福的一个平面广告，其画面主体由长城烽火台和奥运火炬构成，烽火台上有点燃的烽火，火炬也处于燃烧状态。画面正下方配有这样的广告文案："福文化，华夏文明精髓；奥运会，世界体育盛典。百年奥运之际，……欢聚是福，参与是福，和平是福，进取是福，友谊是福，分享是福。这是属于奥运的金六福，是中华之福在奥运舞台的绝妙演绎；是金六福和奥运福穿越历史的炽热情怀：福运，代代相传。"具有历史文化常识的人不难发现将点燃的烽火台与"福"联系起来非常不妥，因为，"烽火"一般是在边防报警时才点燃，而且通常情况下都与外敌入侵有关，基本上没有什么"福"可言。既然这样，那又为何将"烽火台"与火炬联系在一起呢？显然是由于广告创意者仅仅注意到了长城烽火台的久远历史，但未对其实际内涵进行全面而深入的思考，忽略了"烽火台的历史意义"这一重要细节。

此类的错误，警示我们品牌传播内容的创作者素质十分关键，如果是一个建筑公司，我们便很难相信一个粗心大意的建筑公司能够建造出优异的工程。因此建筑公司在品牌的精细化操作中必须高度重视品牌传播内容中的细节，以在客户心中留下良好的的品牌形象。

4.精心打造"活广告"

作为建筑公司的市场前线人员，营销人员是建筑公司品牌"着陆"的关键，品牌传播的精细化坚决不能忽视营销人员的"活广告"作用，考虑到品牌塑造的主要目的还是为了实现销售，因此可以说建筑公司品牌传播的成功与否，一半以上要依靠营销人员这群"活广告"。以下笔者将从五个方面来阐释如打造建筑公司的"活广告"。

第一，营销人员的个人形象。任何人都不会乐意与一个形象邋遢不堪的销售员多打交道。例如，在建筑这种高价值的工程营销中，一幢厂房或一座体育场馆，少则百万，多则数千万，甚至数亿元。客户在选择承包商时十分慎重，营销人员个人形象的好坏直接影响到业主对承包商品牌形象的最终判定。因此公司营销人员的个人形象是建筑公司进行品牌传播时应该重点考虑的第一要素。那么，在营销人员的"先天形象"基础上，有哪些途径可以提升营销人员的个人形象呢？这里有几条建议，可供参考。第一，提升营销人员的着装形象；第二，配备必要的演示工具，如：笔记本电脑，通过电子文件等以方便营销人员及时、大方、便捷的展示品牌实力；第三，安排新事件，如研讨会、会议等，以展示营销人员口头表达能力，推出公司形象。

第二，营销人员的专业知识。业主大多数对工程的专业知识知之不多，因此营销人员与业主沟通的过程中就自然而然地充当了临时"工程顾问"的重要角色，这就需要工程营销人员能够流利地回答业主的种种疑问，充分地在业主心中强化建筑公司良好的品牌形象。相反，如果营销人员在面对业主的诸多疑问时，不知所措甚至无言以对，势必会损害建筑公司的品牌形象，影响营销的最终达成。针对这一点，建筑公司可以要求营销人员多花时间和精力，学习与工程相关的专业知识，做到需要时就可以"信手拈来"。

第三，营销人员的文化底蕴。基于中国目前公司决策者的实际状况，许多公司决策者在经营管理上拥有成功心得的同时，也存在大量的不解和困惑，因此营销人员若能与业主在经营管理上进行畅快的沟通，针对业主公司经营管理的现状和未来提出自己的看法和见解，就必然会增加业主的"好感"，提高建筑公司的品牌美誉度。另外，在销售达成后，如果营销人员能够有意识的进行业主关系管理，抓住机会或寻找机会向业主展示自己的"文化底蕴"，这样不仅可以增进与业主的关系，而且能够进一步提升建筑公司的品牌形象。

第四，营销人员的道德品质。一个建筑公司的综合实力在短时间内很难有大的提升，因此营销人员切忌把自己的品牌吹得"天花乱坠"，以欺骗的手段来赢得业主的认同和"欢心"。俗话说，"天下没有不透风的墙"，吹牛皮总有"露馅"的一天，其结果可想而知——必然会对品牌造成巨大的伤害和冲击。因此，营销人员要具有良好的道德品质，在与业主沟通时候必须以建筑公司真实的综合实力为基础，不虚夸、不欺骗，取得业主对品牌的长期认同。值得一提的是，道德品质一般难以改变，建筑公司在其发展过程中必须注意引进道德品质符合要求的人，同时让不合要求的人"下车"。

第五，营销人员的沟通技巧。营销人员与业主的沟通过程中，不可能回答业主的所有问题，这就需要营销员具备娴熟的沟通技巧，随机应变，尽力避免可能出现的冷场或尴尬，以保持良好的个人品牌形象和公司品牌形象。但是又必须强调，沟通技巧只是一种人际交往的"润滑剂"，所有沟通技巧都是辅助性的，沟通最重要的基础是发自内心的"真诚"，而且只有"真诚"才能长期维护建筑公司良好的品牌形象。

(5)确定合理的媒体组合

要有计划、有步骤地进行正确有效的媒体选择和组合。这是一个至关重要的问题，媒体选择的恰当与否直接影响到广告效果的优劣。建筑公司广告的受众应该是具有一定社会地位和影响力的企业中高层领导，因为他们的意见直接影响究竟选择哪一家建筑公司为企业服务。因此投放广告时，要重点考虑目标受众经常与哪些媒体接触，主要受哪些媒体影响，然后从中选择主要的几种载体进行投放。这里以建筑钢结构公司为例，给出一个简单的媒体投放方案。建筑钢结构公司广告投放应首先考虑行业内媒体，提高行业内的知名度以及公司在设计院的知名度；再次要考虑其他目标受众经常接触的媒体，如高速公路路牌广告、机场路和机场收费站路牌广告、机场灯箱广告(或其它形式的机场广告)、航空杂志广告等等。

第三步：在持之以恒中进行"品牌微调"

建筑公司塑造一个强势品牌要比引进一套先进的设计软件困难得多，它需要建筑公司的决策者在战略上深谋远虑，在实践中持之以恒，并在公司自身状况和公司生态环境发生变化时进行必要的"品牌微调"，让品牌始终能够引领建筑公司的发展。可以说，唯有这样，建筑公司才能借助品牌来一步步掌控市场主动权，成就一个卓越的品牌。

例如，2001年左右，一家上海的公司收到一封来自英国某建筑公司的商业信函。信函中提醒该公司，其所拥有的一幢由该公司承建的物业已逾80年历史，并详细列举业主在物业维护中应该注意的若干事项。此事曾在中国商界掀起轩然大波。我们首先应该佩服这家英国公司透过80年剧变仍然承担商业责任的诚信精神，同时我们也不得不佩服这家英国公司对于品牌塑造工作上的持之以恒。

许多品牌都会不厌其烦地向其目标受众诉说自己的技术能力、职业精神或专业传统，比如杜邦、IBM、宝洁等等，这对其在获取新顾客时常常有很强的竞争力（不论是新生的顾客群还是品牌延伸而来的新顾客），因为这些品牌单刀直入地承诺了产品对客户的价值。但是客户群一旦形成以后，如何维系客户群却是个极大的挑战。对于这种偏重于理性诉求的品牌而言，一成不变的冰冷诉求容易使客户感到僵硬和缺少亲和力，从而丧失对品牌的激情，甚至感到疲倦，这常常成为客户流失的一个很大的原因。因此，建筑公司应该从英国这家建筑公司汲取营养，采用一些能够让顾客感动的策略来持之以恒的塑造品牌。

顺便提一下，任何一家强盛的大公司，他们成长壮大的历史无不与其持之以恒的品牌建设有着紧密的关系。日本公司在世界的快速成长就是极好的佐证。比如SONY（索尼），20世纪50年代还不过是一个生产电子晶体管的小公司，自盛田昭夫提出“我们要有自己的品牌”开始，SONY便应运而生，并执着地坚持塑造品牌，不断创新，不断为品牌注入新的内涵和活力，最终铸就了一个世界级的品牌。再如，新加坡虎豹兄弟有限公司，持之以恒的专营万金油，年销售量达200亿瓶，全世界有三分之一的人知晓和使用。这些公司尽管不是建筑公司，但其塑造品牌的策略同样值得建筑公司学习。

综上所述，无论建筑公司在品牌塑造的过程中“怎么走”，建筑公司品牌塑造的关键都是依靠高素质的人，因为只有具备了高素质的人，才能有高质量的工程和服务，才能制定并实施符合建筑公司发展的品牌战略，才能有高品位的公司，进而才能在竞争日益激烈的社会环境中不断提高竞争力，真正铸造出卓越的建筑品牌。

四、建筑公司市场营销管理

市场经济最突出的特点是其竞争性，竞争的目的是获取最大的利润以及资源最优的配置，作为建筑公司的市场营销，不仅要了解和确定现在的市场，还要预测潜在的市场，即公司必须对产品的可能购买者进行研究。对预期的消费者了解得越多，一方面更好地满足消费者的需求，另一方面，对建筑公司来讲，也能提高公司竞争力，获得良好的经济效益，使建筑公司在市场营销中取得有效成果。

在市场营销中，建筑公司竞争的最主要内容是争夺消费者，不断提高市场占有率。市场占有率的高低直接反映了公司的竞争实力和所处的竞争地位。建筑公司要想在市场中获取有利的竞争优势地位，关键是要选择一个适合公司自身特点，并有利于进行市场营销的竞争性战略。迈克尔·波特认为：竞争战略就是在一个产业里（竞争产业的基本角斗场上）寻求一个有利的竞争地位。竞争战略的目的是针对决定产生竞争的各种影响力而建立一个有利可图的和持之以久的地位[4]。市场竞争的法则是优胜劣汰，每一个建筑公司都希望能够尽快地以较有利的价格将自己的产品销售出去产，并赢得广大顾客的信任。建筑公司能否开拓市场、占领市场，形成竞争优势，主要依靠强有力的营销队伍、完善的营销体系和对市场信息的掌握，它们是建筑公司参与市场竞争的三个主要手段。

1.建立高素质的市场营销队伍

邓小平同志说过“人才就是生产力”。企业市场经营规模的扩大和经营质量的提高，依靠的就是人才——生产力中最活跃的因素。从根本上看，未来市场的竞争就是人才的竞争。一个公司的形象、品牌、服务都要通过人作为任何活动的载体来实现，尤其是在经营开拓的第一线。21世纪是信息科技飞跃发展的时代，在创新经营的过程中，业主和市场是在变化的，需要高素质、高应变能力的经营人员去对接，需要能调动他的智慧及时提出应对措施，这样才能降低经营成本，不断赢得商机。

对建筑公司而言，市场营销工作的开展，作为一项决定公司市场生存的至关重要的工作，是需要让每一个经营人员带着一种强大的公司自豪感和自信心去面对业主和用户的，这项工作只有具备综合应变能力和高度责任心的人才能胜任。为此一方面在用人过程中尤其需要给予足够的重视，不能仅仅依靠一种承包指标和封官许愿等来简单激发，必须有一套完整的人事管理机制与之适应，最终达到让每一个经营人都能发挥自己的才能，找到自己的位置，并发自内心地为公司经营工作打开新局面。另一方面通过培训、学习以及在实践中不断积累、吸收、总结营销经验和新的营销知识，提高营销队伍的整体素质，以此整合营销知识结构，发挥市场营销功能，使公司拥有优良的营销环境，真正让建筑公司走向新世纪的市场挑战经营之路。

2.建立和完善市场营销管理体系

公司营销体系建立的目的，一方面是最大可能发挥公司现有的集约能力和优势技术，另一方面是通过市场经营提高公司的核心竞争力。一个建筑公司是否能打开市场局面，能否有竞争力，其核心在于：1）是否能对业主的核心利益亦即价格做出特别贡献，通过科学管理等手段降低制造成本，从而形成低标价竞争力；2)是否具有竞争的差异化优势，也就是在竞争中是否能体现自己的独特之处和独特吸引力；3)是否具有旺盛、不衰竭、持久发展的生产力，能够不断开发出新产品、新工艺，如高科技的工法和新材料安装、新工艺等，也就是要不断通过技术创新来扩大竞争中差异化优势范围。由此可知，从公司历史和现状出发，设计好公司的优势发展方向，是能够不断拥有市场竞争力的，同时也是可以寻找到公司市场份额的。

营销体系中最活跃的是营销要素的优化和组合，也是最能反映公司之间经营能力强弱的方面，对建筑公司来说，其经营要素主要包括经营理念、经营资金、公司资信、经营设备、经营人才、公共关系等六个方面。目前看来，其中主观因素较强的应是经营理念、经营人才以及公共关系这三个方面。经营资信、经营资金、经营设备这三条在一定程度上都受到建筑公司历史和现状的限制，因此应该尽可能的在前三个方面下工夫。

在营销体系建立中必须形成五个体系，第一必须建立以企业主要领导为核心，分管领导主抓，营销机构为基础的营销决策体系；第二必须形成以贴近市场、反应敏捷的营销经理为基础、区域经营为支撑、法人层次统一协调的营销体系；第三必须形成以系列产品为主导，整体策划，上下联动，资源共享的营销体系；第四整合区域营销机构，提高营销人员比例；第五采取有效的营销激励机制，按营销效益百分比提成，稳定营销队伍。

以区域经营为例，一个建筑公司的经营经理在设计某一区域开拓业务之前，第一要考虑的是选择一个最能集中公司各方优势的业务方向；第二是考察该区域是否有可以运用和借用的各项资源；第三是建立区域经营系统，考虑到初期在人、财、物等方面的缺乏，其经营理念就应以最小经营成本，最快实现最大经营效益。具体实施时，首先应挑选一个具有综合能力的营销经理，而不是简单的以谁掌握了一个关系或一个项目信息为决定标准；其次是最大可能的利用已有的和可以借用的资源，包括公共关系、技术人才、资质通行证、交通设备等。这样即可发展自身，又可在公司整体的联动运作中找到今后更广阔的前景。

以中建八局为例，他们不断强化"市场惟大，经营为先"、"有项目则生，无项目则死"的理念。从八十年代末推行的区域经营，发展到目前的九大区域和三大市场，既是中建八局在中建总公司的独创，也使中建八局成为市场占位最合理的国内大型建筑企业之一。形成了酒店、机场、会展、市政工程、路桥、体育场馆、钢结构等十几个方面的系列产品；获得了房建总承包特级；公路市政、化工石油、机电总包4项总承包一级；地基与基础、建筑装饰、环保、钢结构、建筑智能等12项专业承包一级以及两项建筑设计甲级资质，成为国内资质最为配套的建筑企业之一。

五、建立和完善市场营销信息系统

信息化的生产力是迄今为止最先进最强大的生产力。全球公司的竞争，已表现为对信息资源的争夺和利用，这种竞争明显具有决定性、战略性和最具有挑战性的地位。市场信息是公司经营决策的前提条件和基础，是公司制定营销计划的依据，是实现公司营销控制的必需条件，是公司进行内外协调的依据，并且对公司的经营活动具有导向功能。建筑公司只有树立信息观念，建立并完善营销信息系统，及时掌握各种相关信息，才能做出及时的反应，制定出正确的战略决策，使公司在营销活动中得心应手，获取竞争的主动权，不断提高市场占有率，从而保证公司能够创造更好的营销环境，提高公司的经济效益。

总之，建筑公司市场营销竞争性策略是建筑公司获得长期优势的保证，也是公司同竞争对手产生差异性的重要措施。如果建筑公司所拥有的优异或特异的资源能够与市场竞争性战略恰当地匹配，它们将构成建筑公司竞争优势的基础，即便在产品竞争优势发生变化时，建筑公司市场营销竞争性策略也能有效地适应并保持公司的竞争优势。

参考文献：

[1]（美）Peter.Drucker，管理：任务、职责和实践，1997.

[2]周盛厚，企业将步入全营销时代，销售与市场，1995年第3期.

[3]中国商报，1994年1月25日.

[4]（美）迈克尔R·波特，竞争战略，华夏出版社，1997.

青岛奥帆工程保险研究

◆ 黄卫珍[1]，马 铭[2]

(1.青岛理工大学图书馆，青岛 266033；2.潍坊市路桥工程建设一处，潍坊 261051)

摘 要：青岛奥帆工程是2008年奥运会帆船比赛的基础设施，风险控制和管理对奥帆工程建设具有重要作用。本文分析了奥帆工程的特殊风险，引入工程保险的必要性，提出了奥帆工程保险的运作模式和实施方案。

关键词：青岛奥帆工程；工程保险；运作模式；实施方案

青岛奥帆工程是2008年奥运会帆船比赛的基础设施。奥帆工程建设具有社会影响面大、建设工期短、建筑技术要求高等特点，蕴含着诸多技术、责任以及意外事故等方面的风险。同时，工程所在地位于青岛浮山湾，自然灾害及地质方面的风险也十分突出。因此，必须认真分析项目建设中存在的风险因素，采取切实有效的防范措施。

一、奥帆工程建设特殊风险分析

鉴于所有的工程建设均存在一些共有的风险因素，如决策风险、设计风险、财产风险、意外伤害风险、质量风险以及人为风险等，这些风险已为所有的工程建设者所共知，在此不作详尽分析，仅就2008奥帆工程所特有或比较突出的几个风险因素阐述如下。

1.海洋环境风险

海洋环境风险包括多种因气候的变化而带来的损失风险，如风暴潮、海啸、潮灾、海浪、赤潮、海冰、海水入侵、海平面上升和海水回灌等。由于奥帆工程建于海滨，工程横跨水陆两域，所以其中的一项风险因素就特别突出，那就是台风以及台风引起的风暴潮。

据青岛有关气象部门研究统计资料显示，自1949年以来，青岛地区平均每两年即发生一次灾情较轻的台风风暴潮。近百年来，能够影响青岛地区的台风，平均每年发生1.3次，严重风暴潮发生过5次，其中尤以1939、1985、1992年三次特大风暴潮最为严重，致使“房屋倒塌、死伤人命”、“海岸崩溃”、“冲毁拦海堤坝”。从风暴潮发生的时间和频率来看，基本上发生在夏秋之间，而且频率较高。青岛奥帆工程工期至少要经历两个以上夏季，而工程建设期间是工程自身防范灾害能力最弱的阶段。因此不能排除施工期间台风及风暴潮成灾的可能，应做好防范准备，采取有效的风险管理措施。从台州地区遭受“云娜”台风袭击的受灾情况看，如果类似灾害发生在青岛，会给海边的建设工程造成极大损害。

2.工程地质风险

海岸带修建任何工程都能引起海岸冲淤平衡的破坏，这种破坏结果可能会延续多年。在建设期间，这种破坏则对在建工程本身存在很大的威胁。奥帆工程是青岛海岸上少有的大型建筑群，这方面的风险存在着很大的可能性。此外，从青岛的地质构成看，土石混杂，结构比较复杂。奥帆工程所在的浮山湾一带属于青岛新区，近年来拆迁船厂修建房屋，建筑规模很大，地基变动未经较长时间考验，在地质风险方面存在较大的不确定性，应高度重视。

3.社会消极影响风险

社会消极影响风险又称负面影响风险，是指一项活动或者工作的举办不力会给主办者带来的负面社会影响的风险。2008奥运会万众瞩目，其社会影响已超出了体育本身，而延伸至政治、经济、生活各领域。比如雅典奥运会主体育场工期一拖再拖，到最后时刻才勉强完成，备受国际社会关注。又如，汉城奥运会的成功举办使韩国经济突飞猛进。奥帆赛在青岛举行，既是青岛的光荣，也是青岛的压力，应做好随时应对各种各样的风险的准备。如果因不作为或作为不当而致损失发生或无法有效应对风险因素，带来社会消极影响无法估量。

二、青岛奥帆工程前期保险方式

工程风险控制的基本方法有回避、预防、自担、转嫁、保险等。其中工程保险是补偿风险损失最重要、最完备、最有效和最常用一种方式。

1.工程保险

工程保险是通过工程参与各方购买相应的保险，将风险因素转移给保险公司，当意外事件发生时，其损失由保险公司给予经济补偿的一种风险管理方法。这是目前国际上工程风险管理对策中采用最多的措施。从国外奥运项目的保险情况看，1992年巴塞罗那、1996年亚特兰大、2004年雅典等奥运会，主办方都投入数千万美元引入保险保障，其中工程保险是主要部分。青岛本地的大型建筑如东西快速路、同三线、流亭机场扩建、中苑海上广场等也都投保了工程保险。

现代工程保险已日趋完备，主险种建筑安装工程一切险、附加第三者责任险及近百条特别附加条款，几乎可以为所有的工程风险提供保障，包括人为风险和客观风险。与其他风险控制措施相比，工程保险更具有优势，投保人可以通过签订保险合同把工程建设中的大多数风险一并转嫁给保险公司承担，而且还可以借助保险公司的专业知识加强对风险的管控和防灾防损，大大减轻投保人在风险管理方面的工作压力。

2.可以选择的主要险种

按照建设部、财政部、国家发改委、中国保监会的《关于在我国建立工程风险管理制度的若干意见》的要求，借鉴国际上成熟的工程风险管理实践，结合我国保险、担保市场的实际，针对奥运工程的特殊性，提出以下7个奥帆工程保险主险种，基本上覆盖了奥帆项目建设的各个阶段。

①勘察设计责任保险。保险范围：由于勘察、设计人员由于疏忽或过失而引发的工程质量事故给工程造成的损失或费用给予赔偿。建设部《关于积极推进建设工程设计责任保险工作的指导意见》规定，该险种在2005年前在全国范围内实施；②工程监理责任保险。它是为工程监理单位因工作失误或者疏忽造成项目或第三者损失而设立的保险；③建筑工程一切险，附加第三者责任险。它是针对项目施工阶段，即对工程项目本身、施工机具或工地设备所遭受的损失或意外予以赔偿，也对因施工而给第三者造成的物资损失或人员伤亡承担赔偿责任；④安装工程一切险，附加第三者责任险。承保机械、设备在安装过程中因自然灾害或意外事故所造成的损失；⑤建筑工人意外伤害险。《建筑法》规定建筑企业必须为从事危险作业的职工办理意外伤害保险，是国内外通行的强制保险；⑥工程质量保修保险。工程质量保修保险是针对奥帆项目完工后，因质量缺陷造成的损失设置的险种。保险期限：工程主体部分在十年内承担缺陷保证责任，对设备、给排水、卫生设施等在两年内承担工程保证责任；⑦财产保险。财产保险是承保项目完工后由于自然灾害或意外事故造成的损失。保单主要分为建筑保单和损坏保单。其中建筑保单主要是为奥帆赛所新建的场馆提供保障。其他财产包括：可移动的器材、计算机系统的保险、机器损坏保险、设备一切险(电视、电话和其他)。

三、青岛奥帆工程保险运作模式

根据国内国际大型项目的工程保险运作模式，分析各种运作方式有点与缺点，提出青岛奥帆工程保险运作模式的建议。

1.与某保险公司签订全面合作协议，将工程保险所有投保理赔事项通过协议委托给该公司运作；因为目前国内保险公司缺乏处理奥运项目的综合经验，技术水平还相对不足。奥帆工程种类繁多，涉及技术领域广泛，除保险技术外，地质勘查、气象预测、工程建设技术都有很大欠缺，对工程项目的专业承保技术、风险管理能力、理赔水平也比较有限，加上投承保双方的利益矛盾因素，所以把整个项目交给某家保险公司管理缺乏可行性。

2.选择一家保险中介机构，将所有相关事项委托该机构处理，主要是制定风险管理方案、进行保险招标、投保后风险管理和索赔事务处理等。我国保险中介机构刚刚开始发展，奥帆工程风险管理需要专业化的事前风险评估、事中风险控制和一旦发生保险事故后的损失索赔技术和能力尚不具备，相关经验也十分不足，所以国内恐怕很少有保险中介机构堪此重任。

3.奥帆委自己成立工程保险管理小组或工程保险管理中心。吸收相关专家、技术人员及服务机构加入，统筹安排工程保险，这是最为可行的。在国际保险市场上，业主安排工程项目的保险也成为一种发展趋势。所以奥帆委成立强有力的风险管理组织，亲自负责保险方案策划、承保单位选择、投保方式选定等工程保险事务。

四、青岛奥帆工程保险实施方案

1.成立工程保险管理小组或工程保险管理中心，组成人员可以包括奥帆委相关官员，工程保险方面的专家或专业人员，其他方面如气象、地质、工程、管理方面的专业人士，保险公司代表，保险中介人士等。大家就自己的专业分工负责，协调运作。

2.研究确定保险方案，对非保险风险提出相应措施。各方面的负责人在认真研究所负责的风险后，将研究结果综合整理后，确定保险范围和保险责任，结合现有工程保险产品制订出一套最佳保险方案。加强实施海洋环境、工程地质等重点风险的控制，制定自留风险的预案和相应措施，重视和完善风险评估。

3.落实工程保险的投保与承保，签订保险合同。工程保险的投保可以采取集中招标的方式，也可以按各公司的承包能力确定份额，由参与承保的公司共同承保。共同承保要确定主承保人，并事先约定各方具体责任。无论采取那种承保方式，都需要确定最终保险条款，以合同的方式明确双方责任。在此过程中承保单位的选择尤为重要，承保单位应具备以下条件：强大的财务能力，它比任何保险服务都重要；良好的信誉，特别是以往在理赔中是否公平和及时；足够的技术，公司的经营历史和丰富经验；优秀的人才，从业人员职业道德、技术水平应满足服务需要；成本成份构成、保险费率和各种服务。

4.进行工程保险事务管理。在工程保险期间，工程保险管理小组或咨询机构要对工程保险合同的履行、保险事项的变更、防灾防损工作的开展、索赔事务的处理等进行全程管理，和承保公司保持密切联系，随时应对可能出现的保险事故和其他风险，使风险发生的可能性、事故损失的严重性降到最低限度，保证工程建设的顺利进行。

五、结束语

奥帆建设工程风险管理，可以按照市场化经营原则和举办奥运会的规则进行，创新奥运保险运作机制，是可以做到用较少的资金，获得足够的风险保障。

总之，为兑现“承办一届历史上最为出色的奥运会帆船比赛”，确保奥帆赛场馆建设及配套设施按期完工，应充分运用各种方式加强奥帆建设工程风险管理，将风险可能造成的影响和损失降到最低程度。

参考文献:

[1]王卓甫.工程项目风险管理：理论、方法与应用.中国水利水电出版社,2003.

[2]何小锋,杜奎峰.CIP及其在我国大型工程保险中的应用研究 [J].《北京举办奥运会的金融支持工程研讨会论文集》.

[3]丁士昭.工业发达国家建设工程合同管理及风险管理[J].建筑.2001(9).

[4]《关于在我国建立工程风险管理制度的若干意见》.

[5]孙智.《工程保险》,《三峡工程保险实践》.中国三峡出版社.2000.12

[6]《中华人民共和国建筑法》.

镦粗直螺纹钢筋制作与施工技术

◆王　飞

(广东建总实业发展公司，510635)

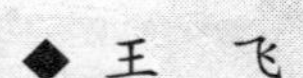

摘　要：直螺纹钢筋在工程中得到广泛的应用，本文主要介绍镦粗直螺纹钢筋制作工艺与施工技术，较为全面地阐述了施工准备、施工工艺和质量控制与验收。

关键词：直螺纹；钢筋；制作；施工

一、前言

粗直钢筋连接技术是建设部在“九五”期间重点推广的新技术之一，其中镦粗直螺纹钢筋连接作为粗直钢筋连接技术的一种，现场操作工序简单，施工速度快，适用范围广，不受气候影响，且成本较低等特点。该连接接头强度高，质量稳定可靠，安全、无明火，不受气候影响，经济效益与社会效益显著，大大提高工程钢筋工程的施工质量，加快钢筋工程施工效率，缩短工期，近几年来在建筑工程中得到广泛应用。为了确保钢筋工程质量，掌握镦粗直螺纹钢筋连接施工技术十分重要，下面介绍施工方法、工艺及质量控制办法。

二、施工准备

1.材料准备

钢筋所有检验结果均应符合现行规范的规定和设计要求。连接套筒应有出厂合格证，一般为低合金钢或优质碳素结构钢，其抗拉承载力标准值应大于或等于被连接钢筋的受拉承载力标准值的1.2倍。套筒表面要标注被连接钢筋的直径和型号。运输、储存过程中，要防止锈蚀和玷污。

2.施工设备

镦粗直螺纹所用的主要设备见下表1。

表1

镦头机		套丝机		高压油泵	
型号	LD800	型号	TS40	型号	B6.0
镦压力(kN)	1000	功率(kW)	4.0	电机功率(kW)	3.0
行程(mm)	50	转速(r/min)	40	最高额定压力(MPa)	63
适用钢筋直径(mm)	16~32	适用钢筋直径(mm)	16~40	流量(L/min)	6
重量(kg)	385	重量(kg)	400	重量(kg)	60
外型尺寸(长×宽×高)(mm)	690×400×370	外型尺寸(长×宽×高)(mm)	1200×1050×550	外型尺寸(长×宽×高)(mm)	645×525×335

3.翻样

钢筋翻样时应考虑以下问题：接头位置要布置在受力较小的区段；邻近钢筋的接头宜适当错开，以方便操作；防止在钢筋密集区段，造成套筒横向净距离难以满足大于25mm要求。针对待接钢筋的实际情况选择套筒型号、丝扣方向，并及时调整因下料、镦粗、加工丝纹、随机切断抽样检验中被切短了的钢筋及镦粗所预留的长度。

三、施工工艺

1.工作原理

钢筋端部经局部冷镦扩粗后，不仅横截面扩大而且强度也有所提高，再在镦粗段上切削螺纹时不会造成钢筋母材横截面的削弱，因而能保证充分发挥钢筋母材强度，其工艺分下列三个步骤：钢筋端部扩粗→切削直螺纹→用连接套筒对接钢筋。

2.工艺流程

切割下料→液压镦粗→加工螺纹→安装套筒→调头→液压镦粗→加工螺纹→安装保护套→做标识→分类堆放→现场安装。

3.接头施工

(1)切割下料

对端部不直的钢筋要预先调直，切口的端面应与轴线垂直，不得有马蹄形或挠曲，刀片式切断机和氧气吹割都无法满足加工精度要求，通常只有采用砂轮切割机按配料长度逐根切割。

(2)液压镦粗

根据钢筋的直径和油压机的性能及镦粗后的外形效果，通过试验确定适当的镦粗压力。操作中要保证镦粗头与钢筋轴线不得有大于40的偏斜，不得出现与钢筋轴线相垂直的横向表面裂缝。发现外观质量不符合要求时，应及时割除，重新镦粗，不允许将带有镦粗头的钢筋进行二次镦粗。

(3)加工螺纹

钢筋的端头螺纹规格应与连接套筒的型号匹配，加工后随即用配套的量规逐根检测，合格后再由专职质检员按一个工作班10%的比例随机抽样检验，发现有不合格的丝头时，应全部逐个检验，并切除所有不合格丝头，重新镦粗和加工螺纹。验收合格后，再及时用连接套筒或塑料帽加以保护。

检验方法及丝头质量标准见表2。

(4)钢筋连接

对连接钢筋可自由转动的，或不十分方便转动的场合，先将套筒预先部分或全部拧入一个补连接钢筋的螺纹内，而后转动连接钢筋或反拧套筒到预定位置，最后用扳手转动连接钢筋，使其相互对顶锁定连接套筒。对于钢筋完全不能转动，如弯折钢筋，或还要调节钢筋内力的场合，如施工缝、后浇带，可

表2 检验项目及合格条件一览表

检验项目	量具名称	合格条件
外观质量	肉眼目测	牙开饱满，秃牙部分累计长度不超过1扣螺纹长度
外形尺寸	卡尺或专用量具	线头长度应满足设计要求，标准型接头的丝头长度公差为+1P
螺纹大径	光面轴用量规	通端量规应能通过螺纹的大径，止端量规则不应通过螺纹的大径
螺纹的中径及小径	通端螺纹环规	能顺利地旋入螺纹并到达旋合长度
	止端螺纹环规	允许环规与端部螺纹部分旋合，旋合量应不超过3P(P为螺距)

表3 钢筋镦粗技术参数

钢筋规格	16	18	20	22	25	28
镦粗压力(MPa)	13~15	15~17	17~19	21~23	22~24	24~26
镦粗基圆直径(mm)	19.5~20.5	21.5~22.5	23.5~24.5	24.5~25.5	28.5~29.5	20.5~21.5
镦粗缩短尺寸(mm)	12±3	12±3	12±3	15±3	15±3	15±3
镦粗段长度(mm)	16~18	18~20	20~23	22~25	25~28	28~31

表4 丝头质量检验要求一览表

序号	检验项目	量具名称	检验要求
1	外观质量	目测	牙形饱满、牙顶宽超过0.6秃牙部分累计长度不超过一个螺纹周长
2	外形尺寸	卡尺或专用量具	丝头长度应满足设计要求,标准型接头的丝头长度公差为+1P
3	螺纹大径	光面轴用量规	通端量规应能通过螺纹的大径,而止端量规则不应通过螺纹大径
4	螺纹中径及小径	通端螺纹环规	能顺利旋入螺纹并达到旋合长度
		止端螺纹环规	允许环规与端部螺纹部分旋合,旋入量不应超过3P(P为螺距)

将锁定螺母和连接套筒预先拧入加长的螺纹上,最后用锁定螺母锁定连接套筒;或配套应用带有正反丝扣的丝牙和套筒,以便从一个方向上能松开或拧紧两根钢筋。

四、质量控制和验收

1.下料

钢筋下料端面应平直,允许少量偏斜,应以能镦出合格头型为准。

2.镦粗

每批钢筋进场加工前做镦头试验,以镦粗量合格为标准来调整最佳镦粗压力和缩短量,然后镦粗机通过调节油压表调整镦头压力,镦粗后基圆尺寸和镦粗缩短量等参数都能满足表3内规定的技术参数。

3.套丝

丝头长度偏差一般不宜超过+1P(P为螺距),丝头加工现场的检验项目,检验方法及检验要求见表4。

镦粗直螺纹接头的质量稳定性是目前钢筋机械连接方式中最高的,其螺纹规均由具资质的量具厂生产,精度等级要求高,加工现场只要坚持按操作规程要求,经常用螺纹规进行检验,其质量是易于控制的。

4.套筒

直螺纹连接套筒由工厂供应,其质量应由供应商保证,并提供合格证。工厂对套筒的质量控制应有严格质量管理程序,包括原材料进厂检验、原材料稳定的供应渠道、技术工人培训,严格的螺纹塞规自检和质检专业人员的抽检制度。《镦粗直螺纹钢筋接头》行业标准中规定,套筒出厂时应成箱包装,包装箱外应标明产品名称、型号、规格和数量、制造日期和生产批号、生产厂名。产品合格证内容应包括:型号、规格;适用的钢筋品种;套筒的性能等级;产品批号;出厂日期;质量合格签章;工厂名称、地址、电话。

5.验收

工程中应用等强直螺纹接头前,应具备有效的型式试验报告,并对工程中将使用的各种规格接头,均应做不少于3根的单向拉伸试验,其抗拉强度应能发挥钢筋母材强度或大于1.1倍钢筋抗拉强度标准值。应重视对切割下料、液压镦粗和螺纹加工的外观检查验收工作,严格把好自检、交接和专职检的过程控制关。接头的现场检验按验收批进行,同一施工条件下采用同一批材料的同等级别、同规格接头,以500个为1个验收批进行验收。对接头的每一个验收批,必须在工程结构中随机抽取3个试件的抗拉强度值都能发挥钢筋母材强度或大于1.1倍钢筋抗拉强度标准值时,该验收批为合格。有1个试件的抗拉强度不符合要求时,应再取6个试件进行复检,复检中如仍有1个试件不符合要求,则该验收批为不合格。

实践证明,掌握直螺纹钢筋制作与连接技术对于保证工程质量,满足施工需要,推广该项技术十分重要。因此,施工企业及钢筋制作加工厂应该提高该项技术工艺,保证制作与施工质量,大力推进该项技术的应用。

城市地下管线的管理

◆ 楼文辉

(浙江省建工集团有限责任公司浦江公司，浙江 浦江 322200)

摘　要：随着城市化进程的推进，作为城市市政设施重要组成部分的地下管线也越来越复杂。因种种原因，各城市的地下管线管理存在诸多问题，施工中出现挖断水管、电线电缆，造成停电停水现象时有发生。管理好城市地下管线就应建立完整、动态的地下管线信息管理系统；加强地下管线管理，减少城市道路重复开挖，改善市容景观，维护城市公共安全，合理开发利用地下管线资源，保障管线有序建设和安全运行，提高城市管理的水平。

关键词：城市；地下管线；管理

一、前言

随着城市化的发展，城市地下管线系统越来越庞大，与之相牵涉的关系也越来越复杂。城市供水、排水、供气、通讯、电力、广电、公安(监控)等多种地下管线纵横交错，而城市特别是中小城市由于未能实现规范的地下管线信息动态管理，管线资料信息老化，存放混乱，难以为后续城市基础设施建设提供有效服务；一些城市的管理体制尚未理顺，对地下管线统一管理尚未实现；规划不严密，各管线设计部门相对独立；施工中建设、施工单位不顾及其它城市地下管线埋设情况，部门利益现象突出。这些城市管理工作中出现的被动因素造成地下管线事故频繁，给城市管理带来了负面影响。

二、城市地下管线的定位与特点

1.城市地下管线的定位

(1)城市地下管线是城市的生命线，是城市赖以生存和发展的基础，就像人体内的“血管”和“神经”，为城市发展提供保障，被称为城市的“生命线”。

(2)城市地下管线是城市市政设施的重要组成部分。城市市政设施建设是一个由各类地下管线共同配合、协作的系统工程，在一个市政设施建设项目中，必须处理好道路、桥梁和排水、电力、供水、通讯、广电、供气等地下管线的整体协调性，这些地下管线与市政设施密切联系、配套实施。

(3)城市地下管线是城市管理的重要基础信息。城市地下管线的现状，能为城市管理提供不可或缺的基础信息资料，是避免管线事故的需要，是保证正常生产、生活和城市发展的需要。

2.城市地下管线的特点

(1)地下管线公益性强

地下管线是城市的“生命线”，为城市生产、生活和发展提供服务、提供能量和基础信息，具有很强的公益性。

(2)地下管线复杂性大，种类数量繁多

城市地下管线种类繁多，纵横交错，密如蛛网。现在城市中常见的地下管线有供水、排水、供气、通讯、电力、广电、公安(监控)、热力、工业等几大类约几十种，随着城市的发展，又将再生出新的管线。

(3)地下管线权属与管理各自为政

在城市地下管线中各管线权属各不相同，管线由不同的设计、建设和维护单位负责。如供水管由自来水公司建设维护，排水(污水、雨水)管由市政管理单位维护，电力管由供电局建设维护，通讯管又由电信、移动、联通、网通、铁通等多家单位建设维护，广电管由电视台建设维护，供气管由燃气公司建设维护，公安(监控)管又由公安部门维护等等，造成各地下管线权属与管理各自为政。

(4)地下管线隐蔽性强，缺乏直观性

管线都埋设于地下，具有隐蔽性。如最浅的通讯管线埋置深度在路床，也有近一米左右，又如污水管埋深达到了几米甚至十几米。造成管线在工程完工交付使用后很难发现，若没有专用检测工具，在地面上识别它们主要靠检查井，这些看似明显的特征点是用人眼唯一识别管线的方法。

(5)地下管线动态性强，更新快

一个城市要发展，城市地下管线的建设就不会中断，无论什么时候，都在进行着规模不同的各种地下管线的建设与更新，随着城市建设的不断扩大，新的地下管线不断增加，旧的管线也不断更换或废弃。

(6)地下管线区域广，信息量大

地下管线空间分布广，涉及面大，城市的每一个角落都有分布，覆盖范围大，门类庞杂，而且日夜担负着传输信息和输送能量的工作。

(7)地下管线技术日趋复杂

现在的城市地下管线，从管材、施工工艺都发生了很大的变化，各种塑料管、非开挖技术、高压力管道系统、超高压输电电缆等都得到广泛的应用。因城市的扩张，地下管线变得越来越复杂，各类管线所起的作用也更加大，地下管线技术也越来越复杂。

(8)地下管线的协调性

地下管线如同人体的“神经”，各管线相互密切联系，无论是占用地下空间位置坐标还是标高都有规划，不得错位、越位，否则，如只顾自己部门的利益，就会造成无序建设，影响市容市貌，影响管线的安全运行，这就必须强调各类管线整体一盘棋的协调性。

二、城市地下管线的管理现状

1.地下管线工程事故时有发生

因城市化发展需要，城市市政设施建设量大、频率高、工期紧，再加上因地下管线现状资料的缺失和一些施工单位素质低下，在工程施工中损坏城市地下管线导致停水、停电、停气、通讯中断等事故屡有发生。如浙江省某县某工程在路基开挖时，施工不到一天就挖断电力、供水管线四次；施工单位对污水管道进行闭水试验后没有及时对堵塞的封墙凿除，排水管道形同虚设。造成这种情况的主要原因有：管线权属单位没按规定向城市档案机构报送地下管线竣工档案或有些地下管线工程因施工时管线交叉冲突无法按设计进行，不得不在现场修改了设计方案，但没从管线资料中得以反映，造成管线档案信息不全；施工期间因道路工程的变更，势必影响到依附于道路工程的地下管线，造成地下管线设计文件与实际有重大偏差；管线权属单位新建管线没有按要求进行覆土前的竣工测量，新增管线信息不能加入管线数据库；地下管线及其档案由不同的权属部门管理及保管，也没有对地下管线及时普查、建档，致使地下管线资料管理混乱。

2.地下管线规划设计欠科学

在城市建设中，由于历史和现实等原因，长期以来存在重地上、轻地下，重建设、轻维护的倾向，对隐蔽的地下管线工程的管理，上述意识就更加突出。现在城市的地下管线综合图纸，注重排水管线管径、高程、流向的技术要素控制，而对其它地下管线却往往仅标注了平面位置和道路交叉口竖向标高，造成实施过程中各种地下管线经常“碰车”、变更设计多、新老管线叠加，存在安全隐患；各管线部门在规划时没有全盘考虑，造成重复开挖、“拉链式道路”不断出现；管线专项、总体规划虽由规划和管线管理部门合作完成，但因地下管线种类多各分属于各部门，产权、投资也分属不同单位，地下管线建设与资金投入又不同期，造成各类管线规划不同步、不协调、不和

谐；城市地下管线设计一般由给排水专业人员来进行，而给排水专业人员因专业技能的限制，对其它专业管线没有考虑成熟。

3.地下管线现状调查、探测难

道路下的管线日趋复杂，要管好城市地下管线，首要一步是需要在地下管线专项、综合规划前收集现状管线资料。而现状管线资料来源于现场踏勘和图纸，现场踏勘只能查清一部分管线，还无法知道管线的高程、走向等详细情况。图纸调查是主要方法，竣工图是可靠的资料，另外就是施工图，但施工图并不能说明地下管线已经施工，而且在施工中的变更不能如实反映，这就需要现场探测。这些资料的调查和现场探测极其耗费人力、物力、财力，要城市档案机构、建设、设计、管线权属维护等单位共同参与，各单位之间协调困难，造成地下管线调查、探测难。

4.地下管线监管缺失

国家建设部颁布的《城市地下管线工程档案管理办法》已于2005年5月1日起施行，但有些城市还存在未按该办法规定的程序和要求对地下管线的建设、建档备案进行有效的管理，地下管线工程的施工建设未按规定进行竣工测量或竣工测量的图纸资料不按规定报送城市档案机构；主管部门没有采取有效的手段要求各施工单位按规定移交相关资料；有的管线单位即使报送了相关资料，但城市档案机构没有形成统一的地下管线综合图和信息档案系统，更谈不上为城市管理提供有效的地下管线信息保障。

三、如何管理好城市地下管线

1.必须理顺地下管线管理体制

建设部《城市地下管线工程档案管理办法》明确规定，地下管线是一种政府城市管理行为。为加强地下管线的管理，保障地下管线正常运行和城市公共安全，应理顺地下管线管理体制，笔者认为应建立地下管线联席会议制度，按照办法明确的以建设、规划部门为地下管线管理的行政主体，其他相关部门也应各负其责。并建议每座城市都应设立地下管线综合管理部门，该部门有规划地下管线的权力，各地下管线施工前均应由该部门进行管线综合并得到该部门的批准，施工后必须由该部门来验收，由该部门掌握地下管线的资料等，这样才能科学合理地布置好错综复杂的地下管线，并力争使新建道路的地下管线同道路建设一次完成，已建道路须增设地下管线时也能有计划、有步骤地实施，尽量避免频繁破路的现象，为地下管线正常运行创造必要的条件。

2.依靠科技做好地下管线的普查探测、管好地下管线

现行地下管线管理能不能满足城市建设和管理飞速发展的需要，就必需查明地下管线现状，用信息化手段管理管线竣工资料，建立地下管线信息资料收集、更新、统一管理的机制势在必行。建设部颁布的《城市地下管线工程档案管理办法》，为地下管线普查建档和信息化工作提供了政策依据。笔者认为厦门市是地下管线普查建档、地下管线数字化，依靠科技管理的典范，值得许多城市特别是中小城市的学习。应借鉴厦门市经验，立足当前所能应用的技术，结合管线信息化建设的规律，使地下管线信息化管理分步完成。

(1)普查探测城市地下管线，建立地下管线数据库和信息管理系统。实现地下管线信息交流和共享机制，为城市建设提供地下管线档案资料的检索、查询和应用。城市地下管线种类多、数量大、专业性强，且分属各个管理部门，多年来由于管理体制条块分割，政府对地下管线的管理职能缺位。全面开展城市地下管线的普查，搞清现状是地下管线管理工作的基础和前提。现有地下管线的产权归属单位，应将各自拥有的地下管线进行一次普查，摸清家底，按《建设工程文件归档整理规范》规定要求，作好建档备案工作，并建档案交城市档案机构统一备案。

(2) 建立严格地下管线信息更新和档案归档制度，实现地下管线动态管理。即建立起地下管线数据更新机制，及时采集新建的地下管线数据并更新数据库。随着城市化进程的加快，城市建成区范围不断向外扩张，城市地下管线每天都在变化。新埋设或改造的管线，其相关信息若不及时更新到建立的地下管线信息管理系统中去，就难以为后续城市基础设施建设进行提供有效服务。否则，几年后又不得不花巨资重新开展管线的普查。所以，在普查结束后，建立管线普查成果和信息管理系统的日常更新、维护机制，实现信息的动态管理，为城市管理提供完善的管线资料，保证城市地下管线的安全运行。

3.统筹做好地下管线的专项、综合规划与设计

(1)地下管线综合规划应重视近期建设，考虑远景发展的需要，并与各地下管线专项规划相协调。

(2)在新建、改建、扩建项目方案论证、初步设计评审阶段邀请地下管线单位参与，递交地下管线现状和新埋或迁建地下管线资料，纳入工程同步设计中，从而使地下管线与城市市政设施建设同步设计、同步施工、同步运行。

(3) 城市地下管线综合管理部门在规划有关地下管线的走向时，要统筹考虑其它地下管线的走向、标高、管线横竖向净距，并制定地下管线综合建设计划，协调各类管线工程施工时间，避免重复开挖，尽可能减少“拉链工程”。

4.重视地下管线工程建设管理

(1)在工程开工之前，召开地下管线协调会，由地下管线综合管理部门向管线施工单位进行现场交底，在制定道路施工方案时，兼顾地下管线工程施工，并考虑地下管线工程的合理工期。地下管线施工单位在制定管线工程施工方案时应配合道路施工单位，确保管线工程与道路工程同时竣工。

(2)工程建设单位、施工单位都应配备专门的管线联络员，负责与管线综合管理部门和各管线单位进行协调。

(3)管线单位确需在城市主、次干道实施横穿道路的地下管线，具备采用不损害路面施工方法条件的，在车行道段采用不损害路面的施工方法。

(4)管线施工单位进场前，要求制定管线工程施工方案、道路交通安全组织方案和施工扬尘污染防治方案，并在施工现场设置明显标志和安全防围设施，以及项目概况等公告牌。在条件允许的情况下实行封闭施工，竣工后应及时清理现场。

(5)管线施工单位应加强施工质量和技术控制，施工时因管线交叉冲突无法按设计进行的，确实需修改方案，要及时告知相关单位，并经有关部门变更审批和备案，在管线资料中予以如实反映。

(6)管线施工单位在管线工程覆土前，要按规定予以竣工测量并如实建立管线资料档案。

(7) 管线综合管理部门应加强地下管线工程质量的监督、检查和管理，督促地下管线施工单位严格按设计图纸施工建设，并按城市地下管线管理办法协调各方，确保地下管线建设的有序、规范。

5.认真落实《城市地下管线工程档案管理办法》，依法管理地下管线

(1)地下管线工程建设单位在办理施工手续前，要到城市档案机构取得施工地段地下管线现状资料，城市档案机构应将工程竣工后需要移交的工程档案内容以及施工中的注意事项和要求告知建设单位。

(2)城市供水、排水、通讯、供电、燃气等地下管线管理单位应当及时向城市档案机构移交专业管线图和相关资料。

(3) 城市档案机构应当依据地下管线专业图等有关的地下管线工程档案资料和城市地形图，及时修改城市地下管线综合图，并输入城市地下管线信息系统，为城市管理提供服务。

四、结语

城市地下管线是一项系统工程，需要正确认识地下管线的定位，认识到地下管线的重要性，并进一步理顺管理体制，加强地下管线的建设、管理，促进地下管线工程管理的科学化、规范化。只有这样，才能保障地下管线的正常运行和城市公共安全，使这条城市的“生命线”真正发挥应有的作用，从而进一步推进城市的发展社会的进步。

参考文献：

[1]建设部文件，建省厦门市城市建设档案馆，强地下管线档案信息化管理，为城市规划、建设和管理发挥基础作用，2006.

[2]GB50289-98，城市工程管线综合规划规范.北京：中国建筑工业出版社，1998.

[3]建设部，《城市地下管线工程档案管理办法》，中华人民共和国建设部令136号，2005.

[4]《地下管线档案信息管理100问》，姜中桥等编著，中国建筑工业出版社，2006.

[5]城市地下管线设计管理，郝阳、李勇著.

群桅杆倒升吸收塔安装法

◆ 刘继红，赵国平

(北京电力建设公司，北京 100024)

摘　要：本文由三部分组成：我国环境现状及烟气脱硫的必要性，湿法脱硫(FGD)技术特点说明。吸收塔倒装施工步骤和工艺介绍。吸收塔正装与倒装优缺点比较。

关键词：脱硫；吸收塔；倒装工艺

引言

随着我国经济的高速发展，占一次能源消费总量75%的煤炭消费不断增长，燃煤排放的二氧化硫连续多年超过2000万吨/年，居世界首位。在造成我国酸雨和二氧化硫污染日益严重的大气污染主要指标中，近三分之一的二氧化硫排放量是由燃煤产生的。二氧化硫对我国国民经济造成的直接经济损失已占GDP的2%，GNP的3%，严重地阻碍了我国经济的向前发展。为了使我国国民经济能够健康有力地向前发展，党中央国务院提出了可持续发展战略目标。1997年1月12日，国务院批准了国家环保总局制定的《酸雨控制区和二氧化硫污染控制区划分方案》，决定分阶段实施我国酸雨及SO_2的控制目标。

然而由于我国火电机组装机容量的快速增长，SO_2排放量激增。这将严重影响《酸雨控制区和二氧化硫污染控制区划分方案》的实施。因此，国务院要求重点治理燃煤火电厂，尽快削减SO_2排放总量；在"两控区"内新建、改造燃煤含硫量大于1%的火电厂，必须建设脱硫装置。目前，我国火电的全年产值和利税，与其造成的酸雨危害及损失几乎相当。从我国经济发展速度来看：估计今后50年内，我国一次能源还将以煤为主，因此烟气脱硫仍将是一个关系到我国社会和经济可持续发展的大问题。

由于国家的立法规定和政策支持，国内各燃煤发电厂不断增建烟气脱硫装置，使电力环保迅速成为一个新兴的产业。我国使用的脱硫技术基本上是引进国外的关键技术和主要设备，目前在我国火电厂应用广泛的是烟道气体脱硫即石灰石–石膏法(也称湿法脱硫)。湿法脱硫是目前世界唯一大规模商业化应用的脱硫方式，90%以上的国内外火电厂烟气脱硫均采用这一技术。其主要特点是：

(1)技术成熟,设备运行可靠性高(系统可利用率达98%以上),脱硫效率高达95%以上。

(2)单塔处理烟气量大,SO_2脱除量大,适用于任何含硫量的煤种的烟气脱硫;有利于电厂实行排放总量控制。

(3)对锅炉负荷变化的适应性强(30%~100% BMCR)。

(4)吸收剂(石灰石)资源丰富,价廉易得;脱硫副产品(石膏)便于综合利用。

通过引进吸收和应用的实践,湿法脱硫装置在国内业界得到认可和广泛应用。但现已安装脱硫装置的发电企业不足总数的2%。加快建设步伐是必要的,但是更为重要的是进行消化吸收,尽快实现国产化,并且要自主攻关,发展自己的民族脱硫工业,从而降低工程造价。

(1)脱硫吸收塔安装工艺创新原因和方法

由于受引进国外技术的制约,脱硫装置的安装工期一般在10~16个月。主要设备安装工艺一直沿袭使用国外技术,不能有效的提高安装效率,缩短工期。随着近几年我国脱硫产业迅速成长,自主创新的国产化进程也在不断发展,从系统设计优化到实际应用都有了长足进步。但在设备安装上创新工艺,提高效率,缩短工期成为摆在施工单位的面前的一道课题。为此,我单位在高海拔地区2×600MW机组火电脱硫装置安装过程中就吸收塔施工工艺创新进行了大胆尝试。在湿法脱硫系统中,吸收塔是核心设备,也是系统中最大的设备,而且安装工期最长。本工程吸收塔高40.85米,直径17.5米,重量337吨。由于施工地点地处高海拔寒冷地区(山西大同),施工工期短。如果采用常规吸收塔正装法需要60~70天才能完成塔体安装,因而不能保证工程进度,完不成年内投运的目标。为此,我们和总包方就吸收塔倒装工艺进行了调研和论证,最终决定大胆采用倒装法这一工艺应用在脱硫工程中。

1.倒装法施工步骤:

(1)常规底板拼焊,进行焊缝检验,整体进行抽真空试验并通过监理验收。

(2)根据图纸确定底板中心点,并划出塔体同心圆。沿圆周焊接定位块。

(3)第一圈壁板焊接,确定椭圆度,制作提升加固环,均匀设置提升柱。

(4)提升第一圈壁板,组合焊接第二圈壁板,沿壁板均匀设置垂直观测点。

(5)组合焊接吸收塔顶盖,焊口检验。整体提升塔体上部。

(6)组合焊接第三圈壁板,依次提升,组合焊接,直到完成塔体最下一层。

(7)开人孔,整体提升,清理打磨根部焊接点。落塔调整垂直度,椭圆度。

点焊加固塔体,完成全部焊接。整体检验验收。

(8)安装焊接塔体外部加固环梁和平台步道,塔体管道及烟气进出口开孔。

连接法兰安装焊接。

(9) 安装焊接塔体内部除雾器支承梁和其他设备支撑件,连接件焊接。

(10)完成塔体内外全部施工,验收合格后,移交防腐施工。

2.倒装工艺介绍:

(1)首先在吸收塔基础上进行底板拼缝焊接。施工中主要是施焊工艺控制,防止底板变形超标。焊接完成检验后进行平整打磨,确保塔内防腐施工需要。完成底板抽真空试验后进行塔体安装。

(2)根据图纸坐标,确定塔体中心点,并据此点划出塔体圆周。沿圆周设置、焊接定位块,以强制保证壁板组合焊接时椭圆度不超偏差。整圈壁板组合点焊固定,调整确定壁板椭圆度、垂直度偏差后进行对称分段焊接。主要控制焊接应力引起筒体变形。第一圈壁板完成后,在塔内制作提升加固圆环。在塔心设置垂直标志杆,根据塔体总重量计算出支撑点数量并考虑安全系数增加支撑数量,在组合筒体内提升环里侧用直径219×8钢管对称配置起吊支撑柱并设起重倒链。每根管柱高4米 (支柱高度应满足于起升壁板的高度)并沿横向和纵向加固,且沿提升环圆周均匀布置,随着塔体起重高度和重量增加而不断均匀对称增设管柱。

(3)第一圈壁板完成焊接后,在壁板底部均匀设置300~500mm支撑墩,将加固环放置到壁板下部支墩上部。在壁板上紧帖提升环上部均匀焊接固定

表1

项目名称	标准值	实测值	与标准差值
塔体椭圆度	≤8mm	2mm	6mm
塔体垂直度	筒体高度H的0.7‰,且≯25	筒体高度40m;实测值5mm	20mm
塔体高度	允许误差+20~-10	+2mm	18mm
塔体直径	允许偏差是直径的±1‰,≯±8	+4mm	4mm
筒体周长	允许偏差是直径的±3‰,且≯35	直径偏差最大值11mm	31mm

表2

项目名称	安装工期	使用人力	检验方法	起吊设备	脚手架数量
正装法	120	70	危险	塔吊或大吨位吊车	80吨
倒装法	57	30	安全	倒链	0

三角承重片，而且随负荷增加要不断增加板块密度,以保证在提升过程中承载壁板重量。在塔内中心标志杆与壁板间设置圆度监测装置,以检测壁板焊接过程中发生变形的程度。起升第一圈塔体达相应高度,放置组合第二圈壁板,点焊固定。调整椭圆度后,进行对称分段焊接。在第一圈塔体与底板间均匀设置多个固定垂直观测点,随提升高度增加垂线长度。以检测塔体垂直偏差不超标,防止发生塔体偏转现象。

(4)第二圈完成焊接后,落下提升加固环至底部支撑墩水平位置,重复上述工序。直至完成21层全部壁板的组合焊接工作。壁板焊缝着色检测与打磨工作同步进行。

(5)塔体外部搭脚手架,安装焊接塔体外部加固环梁和平台步道,塔体管道开孔及连接法兰安装、烟气进出口开孔及连接烟道安装焊接。保温钩钉焊接,也逐步进行。

(6)烟气进出口开孔完成后,进行除雾器支撑梁的吊装,就位和焊接工作。

(7)吸收塔安装工作结束,移交防腐施工。

二、倒装法吸收塔完成技术数据和效益对比

1.倒装法安装吸收塔技术数据对比(见表1)

2.倒装法优点:(见表2)

(1)施工工艺科学,技术、质量有保障。施工便捷,安装速度快,工期可控。

(2)设备起升平稳,安全系数大。施工环境安全可靠,没有交叉作业,便于安全管理。

(3)减少大量脚手架搭设,节约人力、物力,减少资金支出。现场文明施工环境整洁、规范。

(4)小吨位吊车满足了设备运输、到卸和吊装的需要,减少大型起重机械的使用,节约资金。

(5)各项检验方便快捷,工效明显提高。大幅度缩短工期,经济效益显著,技术值得推广。

缺点:主要是除雾器支撑梁吊装有一定难度,需要确保安全,精心组织,周密安排。

3.吸收塔正装与倒装比较

结论：本工程吸收塔采用倒装法安装完成,用时57天，是同类型塔用正装法安装用时的一半,工期提前一倍,经济效益特别显著。此方法特别适用于场地狭小,工期较紧的工程,同时适合在偏远地区,高海拔寒冷地区,起重机械缺乏地区的脱硫工程中应用。

参考文献:

[1]《中华人民共和国清洁生产促进法》,2003年1月1日实施.

[2]《国家环境保护"十五"计划概述》,2002年11月13日发布.

[3]国家发展与改革委员会,《关于加快火电厂烟气脱硫产业化发展的若干意见》,2005年5月.

[4]钟泰:《燃煤烟气脱硫脱硝技术及工程实例》,化学工业出版社,2002年.

[5]国电科环集团公司吸收塔设计手册.

运用三大控制措施 确保冬期施工质量

——结合大连期货大厦工程谈高层钢混结构工程如何控制冬施质量

◆龚建翔
（上海绿地集团长春置业有限公司，长春 130062）

摘 要：高层建筑的冬期施工一直是困扰着施工进度和质量的一大难题。深圳中海建筑有限公司在东北第一高楼大连期货大厦冬期施工中，成功的运用事前、事中、事后三大控制措施，使工程顺利度过了困难期，完成了冬期施工目标。

关键词：钢筋混凝土；钢结构；全过程；全方位控制

一、高层建筑发展经历及东北第一高楼大连期货大厦的结构状况

现代高层建筑起源于19世纪后半叶的美国，其中心是纽约和芝加哥。到了20世纪60年代至90年代，由于发明了新结构体系并用于工程，使高层建筑的高度不断升高，且在经济上可行，加之高强度混凝土用于高层建筑，由钢筋混凝土构件和钢构件发展为钢-混凝土混合结构，使高层建筑得到了一定的发展，并且成为现代高层建筑所普遍采用的结构形式。我国高层建筑的发展从20世纪80年代起有了一个突破性的进展，首先是建筑高度突破200m，开始采用高强度混凝土，又发展到钢-混凝土混合结构，钢骨混凝土和钢管混凝土的高层建筑。而在这期间，施工技术复杂，施工周期长成为困扰高层建筑的一大难点，在施工中既要缩短施工周期又要尽快取得投资回报，冬期施工就显得尤为重要。现以总高度242.8m的“东北第一高楼大连期货大厦”为例，谈一下如何进行混合结构的冬期施工。

大连期货大厦采用的结构形式为内部剪力墙核心筒（钢柱、梁劲性结构）。外部钢结构框架(钢柱为钢管混凝土结构)。压型钢板与钢筋混凝土现浇组合楼板，钢结构节点为铰接(高强螺栓)与刚接(焊接)相结合全玻璃幕墙体系。冬期施工要解决低温下混凝土浇筑、养护和钢结构焊接与高强螺栓的连接问题，为了系统解决这些难题，我们运用了冬期施工操作规程。

二、大连市冬期施工的界定及冻害对钢-混凝土混合结构中质量的影响和防治措施

冬期施工规程对冬施是这么定义的，“当室外日平均气温连续5d稳定低于5℃即进入冬期施工”。结合我国北方地区大中城市气温统计资料，对大连冬施的界定为最低气温为0℃即进入冬季施工。为了了解冬期施工，先简单介绍一下混凝土在低温下水化反应的机理和受冻后对混凝土质量的影响。

新浇筑混凝土中的水可分两部分：一是吸附在组成材料颗粒表面和毛细管中的水，这部分水能使水泥颗粒起水化作用，称之为“水化水”；二是存在于组成材料颗粒空隙之间的水，称之为

"游离水",它只对混凝土浇筑时的和易性起作用。从某种意义上讲,混凝土强度的增长,取决于在一定温度条件下水化水与水泥的水化作用及游离水的蒸发,因此混凝土强度的增长速度在湿度一定时,就取决于温度的变化。研究试验表明,当混凝土温度在零上5℃时,强度增长速度仅为零上15℃时的一半。当温度降至零下1℃到1.5℃时,游离水开始结冰,当温度降至零下4℃时水化水开始结冰,水化作用停止,混凝土的强度也停止增长。

我们很多人都有过这方面的经验,同体积0℃水变成0℃冰后,体积会膨胀8%~9%。同样道理混凝土内部的水变成冰后体积会膨胀,产生很大的冰胀应力,足可以使抗拉强度很低的混凝土开裂,这是因为混凝土结构和混凝土的抗压性能很高,而抗拉性能很低,抗拉性能主要通过受拉钢筋实现。在混凝土结构中,混凝土与钢筋两种材料的导热性能不同,也就是说,两种材料的比热不同,负温下,在钢筋周围形成冰膜,减弱了两者之间的粘结力。受冻后的混凝土在解冻以后,其强度虽能增长,已不可能达到原设计强度了。研究试验表明塑性混凝土终凝前(浇后3~6小时)遭受冻结,解冻后期抗压强度要损失50%以上,凝结后2~3天受冻强度损失15%~20%。从以上研究数据来看,混凝土终凝前如果受冻,对混凝土强度有极为不利的影响。因此在终凝前,对混凝土的保温蓄热就显得尤为重要。很多冬期施工的混凝土工程受到冻害的质量事故一般都发生在终凝前和终凝后2~3天内。而在同样条件下,使用干硬性混凝土强度损失要小的多。因此,为了使混凝土不致因冻结而引起强度损失,就要在遭受冻结前具有足够的抵抗冰胀应力的能力,一般把混凝土在受冻前必须达到的最低强度称为"受冻临界强度"。对于普通硅酸盐水泥配制的混凝土,受冻临界强度为设计强度标准值的30%,矿渣硅酸盐水泥为设计标准值的40%,而C10及以下的混凝土不得低于5N/mm^2。

从以上冻结对混凝土的影响来看,使用混凝土的冬季施工可采取以下5个方面的措施,来降低或消除冻害对混凝土质量的影响:

①采用高活性水泥,如高强度等级水泥,快硬性水泥。

②降低水灰比,使用低流动性或干硬性混凝土。

③浇筑前将混凝土或其组成材料加温,使混凝土既早强又不易冻结。

④对已浇混凝土保温或加温,人为地造成一个温湿条件对混凝土进行养护。

⑤搅拌时,加入一定的外加剂,加速混凝土硬化,以提前达到临界强度或降低水的冰点,使混凝土在负温下不冻结,没有冰胀应力的产生。

在实际施工中,采取何种措施,要根据气温情况、结构特点、工期要求等综合考虑,以达到最佳技术经济效果。

以上各种措施实质就是人为地创造一个正温环境,以保证混凝土强度能够正常地不间断增长,甚至可以加速增长,或是通过掺入一定的外加剂,使混凝土中的水在负温下保持液态,从而保证水化作用进行。

三、结合期货大厦项目的特点,如何控制冬期施工中钢–混凝土混合结构中混凝土的施工质量

我们期货大厦的项目在今年的冬期施工中存在着较多不利因素:(1)核心筒部分冬期施工的高度在120m以上,相比气温平均比地面温度低2~3℃,并且风力较大。俗话讲"高处不胜寒",从冬季施工采取的保温和蓄热的效果来看,要远远低于地下或地表的冬期施工温度;(2)我们项目所选用的混凝土是水灰比为0.6,坍落度为180mm~220mm的高流动性混凝土,其含水量高,也不利于冬期施工;(3)我们期货大厦的地理位置处在大连市的台山和迎客山之间所夹的星海湾湾口,刮南风或北风时,恰好是海风从两山之间进出的陆地和海洋的一个天然聚风口。

针对上述不利因素我们的监督控制质量工作审时度势,突出重点和难点,在对总包单位制定的方案的审核上,审核的重点落在了保温蓄热的措施和方法上,即是否能达到使混凝土正常水化反应所需的温度。为了保证混凝土质量,在冬期施工前,总承包单位就根据大连市风大、低温的气候特点制定了相应的冬期施工方案,着重强调以下六个方面的工作。

①用钢脚手架围绕着要施工的楼层四周外围搭设防护棚,并且为了达到保温和蓄热效果,在防护棚的外侧用彩条布、棉蓬布做周边维护,以形成封闭空间,并且对封闭空间内的所有洞口进行封闭,从而避免内外冷暖空气的对流。

②根据室内外温度情况，在防护棚内设置20~40个不等的焦炭炉，并且根据室外温度的变化动态调整焦炭炉的数量，使之与室外气温的变化相对应，确保棚内温度符合冬期施工方案要求。

③在棚内设置若干个测温点，随时观察棚内温度的变化情况，是否适宜混凝土的浇筑和钢结构的焊接与栓接。

④在对混凝土原材料出厂时，督促生产厂家用低于80℃热水搅拌混凝土，使混凝土到场后的出罐温度在14℃以上，同时掺用了混凝土防冻剂，确保混凝土质量万无一失。

⑤结合钢管混凝土的特点，每一根钢柱浇筑混凝土时，在钢柱的周围设置若干个焦炭炉，保证了混凝土正常水化所需的温度。同时，对浇筑完成的钢柱口立即用棉被等保温材料包裹覆盖，保证了混凝土热量不散失。

⑥每隔3天、7天、15天等期限，定期到工程质量检测部门收集同条件混凝土试块强度变化情况，动态掌握新浇筑的混凝土的强度和达到抗冻临界强度的时间，以此确定保温和蓄热设施的保留与拆除时间。

四、期货大厦钢结构工程冬期施工全过程、全方位质量控制重点

钢结构的冬期施工是一项专业性很强，技术要求很高的工作，这就要求组织指挥的技术负责人必须由在钢结构施工方面，如材料、制作、拼装、焊接、栓接、安装等方面专业知识渊博和施工经验丰富的工程师来担任。并且从焊接作业的人员资格、工器具配备、选用焊接材料和施工方法及作业环境等五大方面的控制入手，实现全过程、全方位控制。针对期货大厦项目的钢结构安装采取了以下各种措施：

①对施工人员的要求，首先要参加常温下钢结构焊接工作的培训考试，合格后取得资格，再参加负温下的焊接培训。并且以平、立、横、仰焊逐项培训合格后，方可参加冬期项目的焊接工作。

②焊接机械及辅助设备等相应的指标能够调整为有利于最低负温工作环境下的工作状态，并且保证负温和常温下的工作状态相同。

③对材料的选用应保证在负温下施工所用钢材的质量符合国家现行标准，并且保证抽检的数量符合设计要求和质量检查部门的要求。同时对焊接所用的母材尽可能选用屈服强度低、冲击韧性好的低氢型的焊接母材。重要的结构采用超低氢型焊接母材，这样可保证焊缝不发生冷脆现象。

④施工作业方法的要求也要考虑到低温下材料的特点，选用对应的施工工艺，以冬期施工所制定的施工工艺方案指导施工人员的作业，并且随着室外环境的变化及时调整完善施工工艺，使之达到与环境变化协调一致。

⑤对施工作业环境的要求，要结合工作地点的特点，采取相应的防护措施来实现全过程控制，经常采取的控制措施有如下几种：

A、应用CO_2保护焊，当室外风力大于2m/s，用手工电弧焊环境风力大于8m/s，在未设防风棚或没有防风措施的焊接部位，严禁进行焊接作业。

B、作业温度低于0℃时，采用预热器对预热焊接点整体加热，使钢板均匀受热至预热温度，预热温度可由实验确认。

C、焊缝间的层间温度也要始终控制在90℃~130℃之间，每个焊接接头一次性焊完，对焊接完成后进行焊后热处理，加热至180℃~200℃之间，保持一小时。立即采取保温措施，使焊缝缓慢冷却至环境温度。期间焊缝冷却速度不大于10℃/min，以免产生冷脆。

D、对高强螺栓要在负温下进行扭矩系数，轴力的复验，并根据复验结果测定扭矩值，然后进行高强螺栓的初拧和终拧，并且防止雪水结冰等影响螺栓的主要摩擦面。

E、用超声波探伤检测仪器定期检测焊缝的焊接质量，以验证冬期施工的效果。

总之，在负温下钢结构的安装除应遵守国家现行标准《钢结构工程施工质量验收规范》要求外，尚应按设计要求进行检查验收。

综上所述，冬期施工质量不仅要求我们的监督控制要在事前重视方案的审查，而且还要重视从材料进场报验到施工过程中施工方案的落实。就是事中和事后都要进行全方位、全过程的控制。只有这样才能监督控制好冬期施工的质量，降低冬期施工中的风险，并且体现新规范的“验评分离，强化验收，完善手段，过程控制”的十六字方针，使冬期施工这一特殊时期的施工质量达到与国家规范和设计要求相适应的标准，实现冬期施工质的突破。

施工现场管理需要重视的几项工作

◆ 鲍可庆，刘 均

（江苏广宇建设有限公司，江苏 靖江 214500）

建设工程施工现场管理是一项综合管理，它包括了多工种、多门类、多学科的管理。做好施工现场管理，对项目经理而言也是一项十分重要的任务。

一、明确职责，制定制度，落实责任

明确职责，首先现场施工管理不是某个人或某几个人在管，而是各级领导、各个部门和各个岗位的人共同在管，只不过他们职责不一。他们之间工作可以合作，但职责不能混淆，应各司其职，各自的工作范围和内容要明确，避免遇事推诿，事后扯皮。所以，项目部应先建立各个岗位的岗位职责，建立各部门、各岗位的安全职责和生产工作的安全操作规程，让管理干部和操作工人明确自己在施工过程中该做些什么。

制定制度，明确了职责还不够，还必须针对施工现场的各个方面，工程的重要环节和重要部位，制定相应的管理制度、措施和办法，以利于监督管理。比如针对施工现场制定《安全生产管理制度》、《文明施工管理制度》、《环境保护管理制度》、《消防保卫管理制度》、《防洪管理制度》。在安全管理上应制定《安全教育制度》、《班前安全讲话制度》、《防洪措施》、《治安防范措施》。针对工程的重要环节和重要部位，制定特殊的安全控制手段和针对现场存在的问题，制定《现场施工管理办法》、《安全生产管理办法》等等。这些制度、措施和办法，可以有效地指导施工管理，保证各项任务完成。

职责和制定制度明确后，就是落实责任的问题，也就是落实到具体的每个人。现实项目管理中制度与执行往往是脱节的，难于坚持对照检查、落实兑现。要使建立起来的职责、制度、措施和办法起到促进生产的作用，就要坚持常抓不懈，只有常抓不懈，才能出成果、出经验。

二、抓好管理，用好资金，做好协作

在施工现场，影响施工进度的因素随时存在，很难说哪个部门控制得更好，这是因为现场管理是一个系统工程，靠哪个领导，哪个部门是办不好的，要靠各级组织，各个领导，各个部门，全体管理人员，各个协作单位的相互配合并长期坚持才能有效控制。影响施工进度的问题一般表现在三个方面：管理问题、资金问题、协作单位的配合问题。

管理问题,主要反映在"错"、"缺"、"等"三个字上。"错"一般反映在设计、技术上出差错。笔者遇到过这样一个事例,某住宅楼图纸设计上楼梯横梁尺寸不正确,设计上出入很大,后经设计院变更设计,重新出图,但已造成工人停工3天;又如某市政工程中,由于勘察单位测量差错,雨水管道标高不一致,项目部多花费人工进行开挖,造成返工损失工料费数万元。"缺"主要反映在采购方面计划性不强,超前思考不够,准备不足。施工中时而缺混凝土、缺劳动力、缺水、电等,导致施工干干停停,影响工程进度,造成经济损失。"等"主要反映施工组织上存在的问题。施工中耽误的时间很多,如装上的吊斗少,工班排队等;斗车脱轨,影响各工班出土进料;重车在井下排队等提升;支护打眼等钻机;喷浆等风、等水泥;等工作接班;等监理检查等,这些现象每天都在发生。

资金问题,如果投资不到位,验工不及时,造成资金短缺。资金短缺,就无法按计划采购材料、机械、配件、加工预制件、构筑件,不能按时发放员工工资,影响员工生产情绪,这些因素都会直接或间接地影响施工进度,造成产值低下和影响效益。

协作单位的配合问题。譬如某基坑施工中,桩基工程、基坑维护、基础施工分3家施工的,大楼采用的是管桩基础,由于管桩有部分挤土效应,在桩基工程没有结束之前,基坑维护还不能进行维护施工,但桩基施工单位的压桩机油泵损坏,要到生产厂家去买,从而造成连续停工5天,后经土建单位和基坑维护单位协商,重新计算应力分布,可以考虑从应力影响较小的大楼东南角先行进行维护施工,补回了损失的工期。

如何有效控制影响施工进度,经过实践摸索,主要要做到:"控错",由技术部门在技术负责人的领导下纵向层层把关,通过对方案、计划、交底、施作、复核、验收等各个环节实施过程控制,就能有效地控制技术上的差错。"控缺",通过计划、采购、管理三个部门的共同协作,按施工计划、施工进度的实际需求,做到物有所储,保证工地随用随有。"控等",所有管理层和每一个管理者,都要为生产一线服务,做到技术超前,交底紧跟,管理随行,把问题发现在现场,用零距离、第一时间解决好影响施工进度的一切问题。

抓好施工现场管理意义重大,是项目部不断降低施工材料消耗,提高工程实体质量,确保施工安全,保证合同工期履约,提高企业经济效益的最重要途径,现场管理是施工企业各项管理水平的综合反映。

三、核算成本,控制材料,提倡节约

成本是企业效益的源泉,材料费、机械费、人工费在施工现场消耗最大,加强施工现场管理,在施工现场改善人、物、场所的结合状态,减少或消除施工现场的无效劳动,尽量减少设备占用时间,提高机械设备利用率,减少施工材料消耗,这是施工现场管理的主要内容,也是节能降耗,节支增收的主要工作内容。

项目部容易造成资金流失缺口主要有两个:一个是物资管理不善,主要体现在:进货价格高、现场浪费大、保管不善流失多。另一个是劳动力使用管理不好,不能最大化优化工时工效、同样的工时创造的产值少;当然还有行政等其它方面管理不好,也要影响企业经济效益。

怎样加强物资成本管理,堵住资金流失缺口,简单说要抓好"前、中、后"三个时间段。一是抓好前期控制物资采购成本。对主材、大宗材料等用量大、价格高的物质实行招标采购,通过招标,可以显现最低价格透明度,让各家经销商竞标,有效地挤掉销售方正常利润以上的利润,项目部能采购到质优价廉的物资。同时,在物资采购中要注意采购策略,涨价过程中适当多存货,降价过程中适当少存货,降价到一定极限要适当多存货,还要随时掌握价格信息,要防止销售商不公正的交易行为,购买降价后的货,付降价前的钱。二是抓好中间物资发放管理。物资发放是在计划任务材料定额基础上运行的,物资部门对生产工班首先要按任务量测算出物资品种及数量,以台帐进行管理,并抓好限额发料、使用过程控制、修旧利废、节奖超罚四个环节,有效地节约工程成本。

三是抓好后期物资回收力度。抓物资回收要解决物资回收是单位的事还是个人的事，单位效益受到损失个人利益同样受到损失的认识问题，以增强员工对物资回收的信心；要解决物资回收任务要当生产计划一样下达到工班或设专人回收问题；要解决物资回收同经济挂钩问题，让班组或员工都得到实惠。因此，抓好物资管理工作，能有效降低工程成本，提高企业经济效益。

四、提供舞台，人尽其才，增加效益

庞杂的施工现场，众多的工种和岗位，越来越短的工期，以及不断压缩的管理层，使得项目部不可能做到时时监督，处处检查。因此，施工现场的管理根本就在于坚持以人为中心的科学管理，千方百计调动、激发全员的积极性、主动性和责任感，充分发挥其加强现场管理的主体作用，重视员工的思想素质和技术素质的提高。

怎样激发员工去促经济效益，除上面几点以外，还有一个重要因素就是要抓好意识形态领域的人文投资。即项目部要拉近与员工的距离，了解他们的心声、他们的困难，给予他们温暖，肯定他们的成绩，营造出一个荣辱与共的氛围，职责分明但不失亲和力，让所有的员工都感到自己是这个项目的大家庭中的一员，把项目部办成有朝气能战斗的集体。这些，都需要项目经理充分发挥自己的才智，对工人要奖罚分明，多鼓励、多举办各类生产生活竞赛活动，从精神和物质上双管齐下。首先就是不断提高员工文化素质，通过自培、送培、鼓励自学等让他们从原有的学历基础上取得更高的学历；不断提高员工科学技术水平，有计划地举办技术培训班，打好专业技术基础，再通过送培，让他们取得更高一级专业技术知识水平；其次要在员工中培养选拔干部，鼓励他们积极上进，给他们创造展示本领的机会和舞台，把那些思想进步、政治可靠、有组织能力和指挥能力的拔尖人才，提拔到领导岗位上来，提高他们的物质文化生活水平，增加收入，提高福利待遇，让他们自觉对集体产生向心力、凝聚力、努力为提高项目部经济效益贡献才能。

结语

施工现场汇集了人流、物流、信息流，是建筑产品最终形成的场所，施工现场管理工作也是一项较为复杂的工作，必须结合现场具体情况，充分发挥现场项目部的集体智慧和积极性，使施工现场实现“环境清洁、物料堆放有序，设备整洁完好，安全设施齐全，道路平整畅通，制度标准健全，劳动纪律严格，施工秩序井然”的目标。

编读往来

《建造师》编辑部：

您好！

今天收到邮购的第五期《建造师》杂志，谢谢！我是《建造师》忠实的读者，每一期期刊，我都十分仔细地拜读，从中可以了解到很多关于建造师的动态信息。《建造师》是我这一位在管理和工程第一线从业人员的良师益友，特别是一些工程实践中的切身体会，更是值得借鉴。《建造师》对我工作的指导与实践具有很大的意义。

值得高兴的是我的文章《浅议确保中小城镇地下管线安全可靠运行的对策》见于这期杂志，在此对您们的辛勤付出致以最诚挚的感谢，谢谢您们！您们辛苦了。今后我将一如既往的关注和支持《建造师》的发展。仍将继续在工作之余，写写我的实践感受，也请编辑一如既往的关心我、帮助我。

祝《建造师》越办越好！也祝各位编辑身体健康，工作顺利！

颂安

浙江读者：楼文辉

2007.06.03

管道材料設計在EPC項目中的几个重要环节

◆ 王万芹

（中国天辰化学工程公司，天津 300400）

设计、采购、施工 EPC 总承包项目中，管道材料设计往往对整个工程的质量、进度、费用控制有着重大而关键的影响。一般项目中，管道材料的采购费用基本占整个设备材料的采购费用的 20~25%，而从安装周期的角度考虑，则几乎可占整个安装周期的 1/3，同时，在项目收尾阶段，往往因为设计或采购质量等问题而发生的变更，很大一部分集中在管道材料方面，因此，管道材料的设计对整个项目的成功与否起着至关重要的作用。本文从设计角度出发，就管材专业如何更好的配合 EPC 项目的有效管理控制、做好几个重要环节的工作做一分析。

一、项目策划阶段

本阶段的工作是异常重要的，它关系到后面几个阶段的工作能否顺利进行。这一阶段的主要工作有：研讨工艺系统设计条件、材料市场调查、确定选用标准等。

工艺系统条件是整个材料设计的基础与依据。满足工艺条件，是管材设计的首要目标。但是，尊重工艺设计并不等于拘泥于工艺条件而丝毫没有灵活性，毕竟工艺专业人员对于材料专业的了解和掌握大大低于本专业人员的水平，因此，在充分研究工艺条件的基础上，通过与工艺设计工程师的充分沟通，可以使得材料选用更加合理可靠。此外，随着技术的发展，新材料不断涌现并且材料的制造质量和性能以及相关标准都在提高，在专业沟通中，管材工程师应当适时地将有关情况介绍给工艺设计人员，以避免"大材小用、高质低用"等现象发生，特别是一些国外工程公司完成基础设计的项目，其要求全部采用 ASTM 或 DIN 标准材料以及 ASME 或 DIN 制造标准，而详细设计和采购、施工在国内，此时不得不采用国内材料替代国外材料，例如，目前国内的碳钢材料(20# 钢) 替代美标 A53, A106,API 5L，不锈钢材料 0Cr18Ni9 替代美标 A312 TP304, 0Cr17Ni12Mo2 替代美标 A312 TP316, 耐热合金钢材料 15Cr Mo 替代美标 A335 P12, 12Cr2Mo 替代美标 A335 P22 等等，在替代时应特别注意两者的使用范围、强度等的区别，并将由此引起的工艺变化反馈给工艺设计工程师，以调整工艺流程的变化。

在工艺流程发布之后，管材专业对于工艺条件对材料的要求有了一个全面地了解与掌握，并初步完成了管道材料的设计规定。此时，应当对市场做一个比较全面的调查。

管材专业对市场的调查包括材料生产厂商的分布、产品质量、主要生产规格、价格走向等。除了协同采购工程师了解制造商的生产能力、企业资质、业绩等方面，还应当更深入的了解和掌握制造商的研发能力(主要是研发人员的素质，研发经验和实验设备等)、制造程序、制造过程控制方式、制造标准，检验、试验方法和标准、供货周期、顾客服务评价、原料协作厂商情况等等。

管材专业对供货商的掌控深度对项目的影响在项目报价阶段即能显现出来。常常遇到这样的情况，某些关键材料的制造由于不能满足工艺的要求而导致设计方案的调整，使得整个项目的费用与进度计划发生变化。但是，如果管材专业更深入的掌控材料供货商的研发能力与制造能力，并与之进行有效的沟通，许多问题本来是可以解决的。

对供货商的深度掌控，还将影响采购方向的决策：境外采购还是国内采购，对项目的总体费用与工期产生的影响是巨大的；并非所有的材料都委托给规模最大的、一流的制造商去加工制造，应当分析材料制造的技术难点，国内外制造厂商的具体质量区别，以及此区别对工艺条件的影响大小，同时了解制造商的自身优势，合理的配置加上有效的监造措施，完全有可能以低廉的价格取得令人满意的产品与服务。

管材专业在对市场调查的过程中，还有一项重要的任务就是了解市场的供求走势，特别是对材料价格的预测。大型化工项目往往实施周期比较长，在这个期间，材料的价格变化幅度常常很大，给工程的费用控制带来较大的难度。为项目控制人员提供较为准确的价格走向，可以帮助项目经理及时进行采购决策、调整总控进度，实现费用控制目标。

设计标准的选用，不仅关系到设计各相关专业，如设备、自控、仪表等专业的标准选用，而且对于材料的集成、运行维修及安全可靠都有至关重要的影响。在标准的选用过程中，还要听取业主的意见，针对装置所在地、原建厂情况等进行综合考虑。值得注意的是，选用美标或公制标准，有时对于材料的总体造价来说差异是非常之大的，特别是制造和检验标准，通常美标要求比国内标准要求高，因此费用也高，比如阀门等，另外对于大直径碳钢管道，公制管道更易于采购，当然还应考虑业主要求，例如石化企业习惯选用英制系列，境外项目，如巴基斯坦、叙利亚、土耳其、伊朗等，有其本国习惯和考虑将来检修、采购、维护等要求，因此，设计标准的选用，应当综合考虑，并认真核算分析。

二、项目设计阶段

本阶段的主要工作有：材料规划、编制管材统一规定、技术要求、请购文件、技术评标等。

目前，承担 EPC 总承包项目的工程公司大部分是由原来的设计院改制而来，设计各专业对施工的可行性研究和市场的可操做性意识尚处于培育阶段，因此，许多设计方案与市场结合的考虑不够深入，多数在完成了设计计算后，缺乏根据市场情况进行合理的配置和调整，容易造成采购安装困难和不必要的浪费。

管材专业应当通过市场分析，对压力等级、材质、执行标准进行合理规划，尽量压缩项目的材料种类、规格、型号，可大大降低采购与施工成本，并减少施工过程中产生错误的可能。有些管道材料经过设计计算后形成多个壁厚等级，看似节省了重量与造价，实质上由于品种规格繁多，加大了采购成本，特别是在项目后期补供料阶段，由于数量少、规格多，造成下料浪费和运输成本提高，最终综合造价得不偿失。

材料规划的另一项重要工作是在设计经理的协调下统一各相关专业的管道材料应用。一般来讲，工艺配管和设备专业对于采用管材统一规定不会存在什么问题，但是，对于一些非工艺专业，如水道、暖通、自控仪表等，由于长期以来设计体制造成的条块分割，往往对采用管材统一规定不够彻底，反映到现场安装中就是材料零散，互不通用，甚至与工艺管道或设备的连接存在大的谬误，浪费了材料又延误了安装进度。因此，对于这些专业，强化其执行管材统一规定的意识非常重要而迫切，管材专业也有必要进一步了解这些专业的材料应用要求，及时将其归纳进整个项目的材料应用范畴。

此外，材料统一规定的实施还应涵盖分包方设计以及从供货到安装由制造厂分包的单元装置的设计。以便于整个工厂的一致性。

材料技术要求的编制以前往往关注于所执行的制造标准和使用环境。在 EPC 项目中，为方便整个项目的采购与施工及验收，技术要求还应当包括：出厂质量验收标准与要求、材料标识要求、防腐与端部保护要求、运输及仓储要求、现场焊接及安装要求、现场试验及检测要求、现场验收要求等,从而为采购安装顺利快捷的进行创造条件。

比如,对于阀门的技术要求,除了阀门的阀体、内件、填料、垫片等的材料要求外,还应包括阀门的制造标准、尺寸标准、试压标准、检验标准与要求(包括外观检测、尺寸和厚度检测、无损检测等),验收要求、阀门标识、防腐要求、端部保护要求、运输要求、现场试压和验收要求、安装要求、吹扫要求等。

又如,管件的技术要求应包括焊接要求,即焊接方式、焊条型号等。

另外,管材专业对请购文件应进行认真地核实,技术数据与市场供货有出入的,应及时与供货商进行技术交流与修改,减少后期采购的不确定性和因反复澄清而影响进度。请购文件除了要注明材料随执行的标准之外,对于特殊场合应用的特殊材料,还应当对材料关键部位的结构、材质、加工方式、组装要求等做进一步的详细约定,如化肥装置中采用的灰水黑水系统的阀门,因存在高温结垢、磨损、不易打开等工况,要求阀门的结构形式、密封面硬度要求、密封面喷涂方式、密封面形式等均应在请购文件中予以说明。

技术评标除了审查报价技术文件外,还要对产品进行实地考察,因为有些厂商报价文件与实际产品迥然不同。在技术评标文件中,应说明注意事项。

三、项目实施阶段

本阶段的主要工作有:对生产厂商反馈回来的技术文件进行澄清和确认、与施工管理的协调与沟通、材料替代与变更等。

一般来讲,在项目的前两个阶段所作的工作越完善、细致,则在本阶段的工作会越从容。但是,毕竟每一个项目的管道材料都错综复杂、种类繁多,加之市场千变万化,所以,在施工阶段,管材专业的工作往往会更加繁重。

关于代材:在项目采购过程中由于采购数量、采购交货期、厂址区域性限制等,经常会出现材料替代的问题,有国内材料替代国外材料、有国外材料替代国内材料、高材低代、低材高代等,此时应具体分析两种材料的应用范围、性能、强度等,并应考虑由此引起的工艺、应力、焊接等方面的影响,并及时反馈给相关专业进行校核和修改。

关于生产厂商技术条件变更:例如安全阀,因国内的计算时取的相关系数与国外(或API标准)不一致,致使国内厂家计算出的进出口尺寸与国外(或API标准)不一样,因此与安全阀进出口连接的管道和法兰也不一样,从而影响到工艺和管道专业。另外安全阀设计标准中回座压力的计算与制造标准中不一致,此时应积极与生产厂商进行技术沟通,以免因变更引起相关专业的返工和延误工期。

四、需要注意的几个特殊问题

在材料设计中,有几个特殊问题尚需加以注意。

其一,国内外材料互换问题。目前随着贸易的发展,国内很多进口材料,其价格有时并不高于国产材料且能及时供货,但是由于执行标准的差异,在材质与使用条件上仍然有所区别,例如合金钢材料的美国牌号、日本牌号、欧洲牌号与国产牌号,选用时应注意。

其二,对于境外项目,有些材料的选用要注意避免违犯《中华人民共和国核能用品及相关技术出口管制条例》,如对一些无核国家项目,向其出口某些合金材料如Monel等是违规的。

其三,对于境外项目,材料的选用还应满足当地的规范,如无石棉要求。又如管道、设备、钢结构涂漆颜色符合伊斯兰国家传统习惯等。

其四,管材专业在设计实践中应当不断总结经验,进行技术创新,例如,对一些阀门、管件以及自控仪表设备进行模块化集成系统的开发与研究,不仅可以节省投资,还可方便安装,加快施工进度。

六、结束语

在整个EPC项目的实施过程中,管材专业对于项目的质量、费用、进度控制起着极其重要的作用,因此,自策划阶段起,对每一个阶段与采购、施工密切相关的各个环节加以重视,才能保证项目采购、施工的顺利进行,对实现项目的总体目标有着极其重要的意义。

国内、外工程建设领域之差距

◆ 彭　飞

（中国石化工程建设公司，北京 100101）

伴随着中国改革开放的步伐，国内工程建设领域的改革也不断推进。许多新的建设模式，诸如工程建设监理制、EPC总承包、项目管理承包(PM)等先进的项目管理模式也陆续在我国得以推行。通过积极参与这些项目并与外国同行的不断合作，使国内的建设业主及承包商都取得了长足的进步。目前，国内业主已初步懂得选择一些适合自己的管理模式来管理项目，国内承包商也已经具备了相当的实力，其中的一些优秀者成功的执行了一些EPC或PM项目并取得了大量宝贵的经验，同时建设项目行政主管部门也在大力推进工程建设领域的改革。但必须看到，国内在整个建设管理水平方面，与国外相比，还存在许多差距。主要表现在政府对建设项目管理过细、建设业主方过多强调行业保护，国内承包商竞争意识不强，管理水平相对落后，缺乏技术优势，这些局面如不尽快得到改观，将不利于我国工程建设事业的健康发展，具体来说，我国的工程建设行业与发达国家相比，还存在着以下差距：

一、政府对工程项目的管理方面

1.政府对工程建设的管理面过宽，许多在国外本来是企业行为或应由市场来调节的内容在国内却均由政府来代劳。在工程建设的前期评估、可行性研究报告、初步设计、施工图设计、项目招投标、施工、竣工验收等各方面均需要政府方面的参与，大量文件都需要得到政府相关部门的审查和批准，且许多审查都是强制性的。以消防方面的审查为例，国内完全是执行强制性标准审查，而国外流行的做法完全是市场机制，一般由保险公司负责。业主有权自己决定所承担的事故风险和支付的保险金，如果消防安全设施设计的标准高，就可以少付保险金，少担风险从而降低运营成本；反之则增加成本。

2.孤立静态的设计程序管理，没有把项目的各个阶段作为一个整体来进行管理，先行的基建管理体制对一个项目要经过政府审批项目建议书、可研报告、初步设计等多个步骤。并规定初步设计审批完成后才能进行设备定货和施工图设计，把整个设计阶段人为割裂开来，从而不利于以后的设备订货和施工工作。而国际上通行的做法是把设计作为一个完整连续的整体，基础设计和详细设计是不断加深、连续完成的，而设备采购则是整个设计过程中不可分割的一个重要环节。

3.政府在项目前期，如项目选定、投资决策等阶段对项目的干涉过多，权限过大，而政府部门在这些方面的管理水平又较为低下，尤其是对国家直接投资的项目，投资随意性和主观性较大，因此经常造成大量重复建设项目和“政绩”工程的出现，有的甚至直接指挥辖区内企业投资建设某类项目，使本来效益很好的企业因投资失误而造成效益下滑。

4.不注重基本建设客观规律，有的项目为了能在地方一级审批，人为降低投资额，有些献礼工程，人为缩短项目建设工期。

二、建设项目业主方面

国内建设业主通常是采用“基建指挥部”管理或自行管理的方式来管理项目。过去国内新建项目，业主一般要组建一个基建指挥部来对项目建设全过程进行管理。这种方式在我国社会主义经济建设的一定历史时期尤其是在计划经济时代，对于国家集中有限的人力、物力和财力进行建设起到了很大的作用。但是在企业着力追求经济效益，积极参加国际竞争的当今。这种模式已经越来越不能够适应这一形势。首先基建指挥部是针对某特定工程组建的临时机构，组织内许多人员工程管理知识和经验缺乏，不适应专业化程度较高的项目管理的要求，加之业主方也不可能长期连续的开工建设新项目，使基建指挥部不可能有长期从事大型项目管理的机会，这样不利于工程管理经验的总结与升华，况且基建指挥部也不可能象专业的工程公司那样花大力气去进行一些项目管理基础工作，从而不利于工程管理水平的整体提高；在项目投产后，庞大的基建指挥队伍还将成为企业在整个工厂寿命期获得良好经济效益的沉重负担。

而与此相反，国外业主一般采取一种称做“项目管理模式（PM）”的模式来建设项目，尤其是大型项目，项目管理模式（PM）是指业主聘请专业的项目管理公司（一般为具备相当实力的工程公司或咨询公司）代表业主进行整个项目过程的管理工作（该类公司在项目中承担的角色一般被称为项目管理承包商Project Management Contractor，简称PMC），以所消耗的人工时向业主实报实销。总的来说，PMC作为业主的代表或延伸，要通过其专业的项目管理使全部项目目标得以实现，并协助业主确保整个项目的成功建成，从而获得业主的满意，其主要任务为：协助业主选择工艺商、确定项目中选用的标准规范、编制基础工程设计、负责对整个工程的发包编制招标书、进行评标，并向业主推荐中标人、编制费用估算、提供多项目采购服务工作及部分长周期设备定货、对业主的融资活动提供支持。在项目执行阶段，对各家分承包商及详细工程设计、采购和施工进行管理（包括对开车活动的管理）。一般来说，由于这些从事PM的公司有着较高的技术实力和丰富的项目管理经验，加之业主与其签定的合同中大都有投资节约、提前工期的奖励和投资突破和工期延误的罚款条款，因此PMC一般会在确保项目质量工期等目标的完成下，尽量为业主节约投资。且PMC一般从设计开始到试车为止全面介入进行项目管理，这样就真正意义上把项目各阶段作为一个整体来进行管理。从基础设计开始，他们就可以本着节约的方针进行控制，从而降低项目采购、施工等以后阶段的投资，以达到费用节约的目的。

三、承包商方面（主要指工程公司）

1.项目管理的组织机构

国际工程公司一般采用专业室与项目组交叉的矩阵式组织机构运作项目。项目经理根据合同要求组建项目组，并对项目执行的全过程负责。项目组的成员由专业室委派。在项目实施过程中，项目组成员接受项目组和专业部室的双重领导，同时向项目经理和专业室主任报告工作。项目组成员在项目结束或完成委派工作后，回到专业室，接受新的委派。采用矩阵管理的优势是：项目组集中办公，可获得较融洽的团队关系，易于专业间横向交流，协同工作，对变化做出快速反应，易于与业主进行交流，项目组成员更直接地感受自身的工作成果。

随着国内工程公司改革的不断深入，国内工程公司现在也都逐渐采用矩阵管理方式来运作项目，但在以下方面还有待改进：

1）没有建立起项目经理为核心的管理体制，对于工程公司来说，只有通过一系列项目的成功执行才能取得效益，而项目经理则是这些项目的直接领导者。因此项目经理的作用是至关重要的，而专业室的作用主要是支持和服务。而国内企业长期受“官本位”主义影响，专业室经理一般都拥有行政职务，被认为是公司的固定领导层，而项目经理更多的被认为是一种临时的岗位、职业，许多项目经理不拥有任何行政职务，在领导项目时困难重重，因此在国内工程公司往往形成了一种“重室主任，轻项目经理”的现象，完全颠倒了两者的地位。

2)在项目组的某些成员，身受项目组及专业室的双重领导，在工作中容易产生迷惑；因专业室对他们的工资、职称等方面拥有更大的发言权，因此在双方出现矛盾时使他们更倾向于听从专业室，往往在项目执行过程中容易失控。

3) 项目经理有时为了解决某些急切的问题，随意性改变公司固有的工作程序。

2.人力资源管理

1)人员结构-固定员工与临时员工的比例

随着世界经济的周期性波动，工程承包市场也呈现出起伏不定的特点，同时在工程承包上的竞争也日趋激烈，这种局面使每家工程公司随时都面临着一种拿不到或仅拿到很少项目的风险。因此国际工程公司大都采取一种临时雇员大于永久雇员的人员结构。公司平常只保留一些维持管理经营所必须的及一些技术专家作为其永久雇员，如经营形势良好，则迅速招募一些临时雇员弥补执行项目所需要的人力空缺。而在公司项目很少的情况下则迅速把这些人员辞退以最大程度的节约项目成本。一些著名的国际工程公司，永久雇员比例只占30%左右，而这些人员大都是在技术上有一技之长或在经营上精于开拓的企业精英。综观国内工程公司，员工基本以固定职工为主，比例高达80%以上，一旦公司面临困境，大量的人员将成为企业沉重的负担。

2)人员调配机制

国外公司一般都建立起一套以项目为中心的人员调配系统，项目在执行前会根据未来项目的进展编制周密的人力需求计划，各专业人员严格按计划调进调出项目。而国内工程公司在这方面的管理则比较粗放，许多项目在尚未正式启动之时便把所有专业人员招至其中，生怕项目启动时自己所需的专业人员被其他项目要走，而项目结束时又迟迟不把人员放走，而留下大量的人员处理项目的扫尾工作。究其根本原因，国外的项目经理对项目成本负完全责任，项目组全部工作人员的成本全部计入项目。而国内项目经理虽也对项目成本负责，但成本核算体制不健全，很难把员工的工资、奖金乃至福利完全核算到项目中来，造成项目经理在选人时“宁多勿少”的局面。

3)人员分级管理

国外工程公司如BECHTEL、KBR等公司都建立了以“员工分级管理、激励和分层次使用”为主要特点的人力资源开发体系，将员工分为几个不同的系列以后，每个系列设置不同的级别，这样使不同类型员工都有自己的上升空间，走各自的成才之路，促进优秀人才脱颖而出，发挥才干；尤其是对专业技术人员，只要在本专业刻苦钻研，具有较强的专业技能，仍然可以上升到较高的岗位。职工分级可为不同类型员工树立一个更为公平的标杆，促使员工不断进取、向更高的目标努力。

每位员工根据自己所在的等级，得到相应的酬金。对于公司各部门的骨干人才，还会得到某些特殊的酬金激励措施。另外，公司每年年底都要对员工进行考核，考核优秀者可不断晋级。

而国内工程公司在人事管理上多年来还沿袭着从助理工程师，工程师到高级工程师的职称管理体系，基本上是“按资排辈”的体制，不利于优秀人才的脱颖而出。许多原本优秀的工程技术人员因在自己的专业领域得不到继续上升的空间而转走仕途，这从某种程度上造成了人才的浪费。

3.健康、安全环保(HSE)管理及可持续发展

国外知名工程公司对健康、安全环保(HSE)及可持续发展方面尤为重视，根据他们的理解，作为国际化大公司追求的不仅仅是经济利润，而是更高更远的目标，即社会与环境的长远发展。企业的成功发展也不仅仅在于经济获利，也在于与社会人文和自然生态的相互协调性。他们着重树立公司良好形象，向公众证明自己是对社会负责任的公司。

而国内工程公司注重短期效益，不注重长远发

展，虽然许多公司现在都有了自己的HSE目标，甚至是组织机构或规章制度，但大都是留于表面，许多都停留在喊口号阶段。

4.对于工程承包高端市场的占领

国外工程公司经过长期市场经济下的发展，已从承担详细设计或单纯的施工承包等低端市场逐步退出，陆续发展为承担EPC（中端市场）及PMC等高端市场的跨国公司，许多公司拥有自己的专利技术，甚至能为业主提供融资服务，一些新兴的建设模式如BOO、BOT等他们也均有涉足，目的只有一个，获取更高的利润。当然这一切的前提是公司强大的技术实力，先进的管理，当然也要承担更大的风险。

国内工程公司经过改革开放20多年来的努力取得了长足的进步，已经具备了相当的实力，但必须看到，国内相当大一部分工程公司还停留在做详细设计的阶段，固然其中的一些优秀者取得了一些EPC或PMC的工作，但从国内一些技术复杂的工艺装置的EPC承包商来看，依然大多是一些国外工程公司的名字。

5.高效运转的采购网络

国外工程公司通过大量项目的执行与国际各大供货商有着长期的合作，他们根据项目的返回情况并通过电子网络长期跟踪着这些供货厂家提供产品的价格、质量、是否按期到货等多方面的记录，定期淘汰一些表现不佳的厂商，从而降低因采购而给项目带来的进度、质量方面的风险。另外，因这些工程公司在全球项目的执行过程中采取“多项目采购”的理念，可以从厂家得到更低的价格并且通过对项目的科学管理做到现场安装物资的最短周期的仓储，甚至有的物资可做到“零”仓储，为项目节约十分可观的费用。

6.强大的IT支持

1)软件

国外工程公司一般非常注重在IT方面的投入，一般采取引进商业化软件与自行开发相结合的策略，根据业务发展需要，首先寻求商业化软件，在商业化软件不能满足公司业务需要时，方考虑自行开发，将自行开发的重点定位在市场上没有成熟的相应软件上以及定位在各种软件的系统集成上，而这种集成正是市场上所不能提供的。公司自行开发了大量软件，有些软件规模很大，水平很高，在生产中发挥了重要作用。

2)工程数据库的建设

工程数据库对工程公司的业务运作起着至关重要的作用。国外公司注重数据的积累，几乎在各个领域都基于成百项目的历史数据建立了工程数据库，并且做到全球共享。如工程估算数据库，施工安全数据库，材料数据库，贯穿于设计、采购、运输、现场施工EPC项目全过程，工艺数据库，供应商数据库，并且不断改进最佳的工程实例以便应用于后续的工程中。

他们还构建十分先进的全球电子数据管理系统（EDMS），在公司总部和全球各项目执行地之间构筑了一个高效的电子平台，从而作到信息的及时传递和共享。

3)电子商务的应用

基于INTERNET的电子商务广泛应用于材料采购等过程。许多国际知名工程公司网上采购达到公司总采购额的3成左右。

目前，国内公司与国际著名工程公司相比，硬件系统平台（包括网络）基本处于同一水平，主要差距体现在软件应用与开发水平上，这里软件包括工程或项目数据的分析与积累（数据库）以及IT软件本身。许多公司目前已经认识到这一点，正在加大力度抓应用，抓集成，并加强数据的积累工作。

四、国内承包商应对措施

1.加强与国际工程公司的合作，努力学习、尽快提高

随着国内、外经济交往的日益频繁，国内、外工程公司之间的合作也不断增加。国内工程公司应积极利用和国际工程公司合作的机会，努力学习其先进工作程序、方法、标准及规范，借鉴国外项目管理的经验，并逐步使本企业在组织机构、工作程序和方法上和国际工程公司尽快接轨。

2.加强公司的基础工作建设，尽快建立起公司的历史数据系统和成体系的管理程序文件，建立比

较完整的公司标准体系，逐步形成一套与国际接轨的管理标准和工作标准基础。

与国外工程公司相比，国内公司往往在基础建设工作上较为落后，不太注意历史数据和经验的积累，管理程序文件较为缺乏。很多公司在许多大型项目的投标中往往因为缺少这些资料而不知道如何回应业主招标文件中许多文件、程序方面的要求。从而使自己在投标阶段就处于劣势。而国外工程公司整个项目的运作都是以这些历史数据为基础，严格遵循程序文件的要求来进行。避免了项目运作的随意性，也使业主通过这些管理文件增强了项目成功的信心。

3.尽快建立公司成本核算和控制体系

国外工程公司一般按项目来核算成本，甚至会把项目发生的每一张复印纸费用都精确核算到该项目。在项目签定合同后，公司会对该项目设定预算，项目执行期间所发生的每一笔费用都会被准确记录，总部费用也会被科学的摊销到每个项目之中，这样在项目完成后，整个项目的实际消耗会被准确的统计，使公司管理层客观的了解到该项目的利润水平，为以后的报价工作提供了科学的指导。而国内公司普遍在成本核算方面较为粗放，有些项目成本和公司总部成本之间界定不清，预算控制意识不强，客观上影响了公司经济效益的提高。

4.努力开拓国际市场，拓宽营销领域

随着中国加入WTO，应把全球的工程承包市场作为一个市场来对待，外国工程公司可以到中国承包工程，我们也可以到国外去开拓市场。通过进军海外市场，一方面可以增加新的效益增长点，提高公司外汇收入，另一方面也可锻炼队伍，培养人才。通过参与国际承包市场竞争，可促进国内工程公司了解世界通行规则，提高管理水平。

5.适当拓宽营销领域

由于国内工程前身大都是以前的设计院，往往把从事施工图设计作为自身的主营业务。国内工程公司随着其管理水平的提高，探索各种合同模式执行项目，如工程咨询、监理、设计采购施工总承包(EPC)、项目管理承包(PMC)、设计采购服务等承包形式都可以尝试进行，以使公司增加新的利润增长点。

6.加强对人才的培养

人是企业成功的关键因素，作为工程公司，首先要重视对技术人才的培养，培养本企业的技术专家和学科带头人，其次也要重视对管理人员的培养，培养出一批精通国际工程管理人员。另外还要注重对边缘人才的培养，国际工程承包是一项集多学科于一体的复杂工作，要想成功的执行项目，公司还必须具备法律、保险、IT等方面的人才。另外还要建立人力资源分级管理体系和相应的激励机制，以吸引并留住人才。

通过与国外同行的竞争及合作，国内工程建设领域对学习国外工程建设的先进经验，促进我国基本建设领域的改革，培养适应现代市场竞争的人才，扩大国内工程公司营销范围并提高项目管理的水平，有目的、有计划地培养一批能够执行国际项目的技术、管理专家，并以此推动整个行业管理水平的提高。

面向市场 深化工程项目管理 增强企业综合实力

任明忠

(北京城建集团企业管理部，北京 100088)

北京城建集团是由退伍军人和大学毕业生组成的团队，具有鲜明的部队作风和青春活力相融合的企业文化特点。集团现有主要成员企业59家，有总资产263亿元，员工3万人，具有以中国工程院院士为代表的数千名技术、管理骨干队伍。主要从事工业与民用建筑、市政工程、地铁轨道交通、高速公路、房地产开发、设计咨询、园林绿化等业务，具有房屋建筑工程和公路工程总承包双特级资质，是一家综合性建设企业集团，也是国家发改委等四部委认定的“国家级技术中心”和人事部批准的“博士后科研工作站”企业。自1983年由基建工程兵集体转业组建以来，经过全体员工的艰苦奋斗，已跻身于“首都十大功勋企业”、“中国企业500强”、“中国十大影响力品牌”、“最具影响力企业”、“国际225家工程大承包商”之列。

一、以市场为导向，推行项目法施工，发展工程项目管理

1.调整企业结构，战略突出主业，为发展工程项目管理创造条件

我集团在1983年组建时，企业唯一过硬的设计施工能力只是地铁专业，其他如房建、市政、房地产、高速公路等专业领域没有涉足，更不熟悉。为此，我们通过调整企业结构，扩大企业发展领域，已促使企业迅速成长为今天以技术和管理输出为发展方向，从事工业与民用建筑、市政工程、轨道交通、高速公路、房地产开发、设计咨询等业务的智力型综合建设集团。为适应企业规模不断发展壮大的管理方式，由于上个世纪八十年代学习推行鲁布革经验的启示，我集团自1987年在全国建设系统率先推行了项目法施工，将过去“总公司、公司、处、队”的行政模式，改革改变为今天的“集团、公司、项目经理部”适应市场竞争的模式，经过逐步完善项目法施工，项目经理部已是以工程开工而建立随工程竣工而解体的临时组织，以项目经理为最基层的各级管理人员责任制明确清晰，企业已经从粗放型管理完成向集约型精细管理的转变。近年来，我们又针对市场环境和对未来形势的预测，对企业的发展战略进行了重新定位，提出了“做强做大集团总部、放开搞活二级企业、协调发展、繁荣稳定”的战略。做强做大集团总部，就是要做强做大“工程总承包、房地产开发、资本运作、设计咨询”四大板块。建筑业是集团主业，发展建筑主业就是“以深化工程项目管理为增效手段，以技术和管理输出为发展方向，积极推行工程总承包管理方式，逐渐发展壮大集团建筑主业”。我们抓住北京举办2008年奥运会等机遇，把做强房地产开发项目、工程设计咨询项目、工程施工项目列入集团工作的重点，2006年，集团现有房地产开发项目36个，分布在全国7个省(市)；集团现有工程设计咨询项目468个分布在全国16个省、市、自治区和3个国家；集团现有在施的施工项目706个，分布在全国30个省、市、自治区和9个国家。2006年，集团实现营销合同额306亿元；完成综合经营额251亿元，其中：房地产开发完成26亿元、工程设计咨询完成3.6亿元、施工完成162亿元。

20多年来，全体员工以“同心图治、唯实创新、追求卓越”的企业精神，审时度势，坚持创新，持续改进，共同打造出了今天的“北京城建”品牌。这其中

“创业、守业、发展”的艰辛与希望都是在围绕工程项目管理为中心不断创新而前行的。

2.推动工程总承包管理方式,不断促进工程项目管理的健康发展

建设部先后颁布颁发了《关于培育发展工程总承包和工程项目管理企业的指导意见》及《建设工程项目管理规范》,促使工程总承包和工程项目管理得以快速、健康发展,极大地焕发了建筑企业的活力、推进了全国建筑业管理创新步伐,我集团从中受益。北京城建集团有勘察、地铁、建筑、园林古建四家甲级资质设计院,其勘察、地铁设计院是伴随着铁道兵和基建工程兵的历史一路发展而来, 在全国轨道交通设计领域具有较强的竞争力和影响力。园林古建设计院与新中国同龄,2005 年经北京市政府同意由事业性单位转企为我集团新成员, 在全国园林古建设计领域具有一定的知名度。我们正是利用这些设计优势资源,在北京及兄弟省(市)承担大量房屋建筑设计项目的同时,已经或部分完成了北京、上海、杭州、南京、广州、重庆地铁及轻轨设计,以及天津、成都、沈阳、西安、深圳、宁波地铁的前期规划设计,还在伊朗、德国、越南承揽了地铁和房屋建筑设计任务;我集团现正在施工的国家和省(市)级重点代表工程有国家大剧院、北京银泰中心、郑州国际机场、南京国际现代商城、重庆世纪广场、多个城市地铁轻轨、全国多条高速公路, 在国外正在承担施工的有伊朗德黑兰地铁、也门萨那国际机场,以及德国、泰国等国家的房建工程。特别值得骄傲的是,我们正承担着首都国际机场3 号航站楼、中央电视台新址、青岛帆船帆板训练基地等9 项新建、4 项改(扩)建、4 项配套共17 项奥运工程建设任务,其中的国家体育场、国家体育馆、五棵松文化体育中心、奥运村是我集团在市场竞争中采取BOT 模式运作承接的工程。

我们正是依托这些大型项目, 积极推行工程总承包管理方式,不断深化项目管理,逐渐壮大了集团综合实力。其标志一是集团公司已形成以双特级资质和“北京城建”品牌在市场承揽工程、具备条件的则采取 BOT 与 BT 模式运作工程、设计与施工相结合、按市场化规则优先向所属施工企业进行专业分包的格局; 二是完成经营额逐年递增、工程规模逐步扩大,2007 年房屋建筑工程开复工面积达 2100 万m^2、房地产开复工面积 163 万 m^2、高速公路和地铁轻轨施工里程不断增多;三是我们针对房地产开发项目、工程设计咨询项目、工程施工项目的共同规律和不同特点寻找最佳控制手段,在房地产开发创意与策划、房屋面积容积率追求效益最大化,对工程设计项目建立远程信息管理平台, 对施工项目建立强制的程序控制文件。自 2004 年以来,集团强制统一做好季度、半年成本跟踪和年度的项目经济活动分析,促使开发、设计、施工三种类型项目的管理水平逐年提高。

二、在市场竞争中坚持项目管理创新,做精做细项目管理

1.结合企业实际,规避管理风险,持续改进施工项目管理

随着建设市场竞争的日益加剧, 尤其是施工项目的成本管理风险在不断增大,为此,做精做细做强施工项目管理是我集团多年来的工作重点。1999 年,集团在过去多年推行“项目法施工”的基础上,发现施工企业之间、项目之间发展不平衡,需要探索和丰富施工项目管理的内涵和外延。为此,集团公司成立规范项目领导小组对所属施工企业和数十个项目部进行了重点调查,调查内容为管理体制、现状、问题及其原因分析。当时部分企业积存的主要问题有:“项目经理部有固化倾向、跨项目管理、项目责任制落实不够、成本考核不实、机关监控和服务乏力”。于是,集团公司采取兼收并蓄过去项目法施工原理和借助ISO9000 标准基本思想等科学管理方法,于2000 年建立了《北京城建集团施工企业管理体系文件》,该体系由项目管理手册和 18 个程序文件组成, 以程序化文件规定与项目管理要素相对应的每一项关键性工作由谁做,做到什么程度,施工企业与项目部之间形成了矩阵式管理结构, 各级各部门各岗位职责已形成科学有机联系的控制系统,融入了全员、全企业、全过程参与持续改进的管理思想。在这 7 年的项目管理体系运行中,集团公司组织内部项目管理专家组成评审组,每年随机抽查 10%~20%的在施项目评审,然后对各企业机关的监控、服务及配套政策进行综合评审,写出评审报告,对存在问题限期整改,定期组织企业间的经验交流, 评审结果与各企业高级管理人员年薪工资挂钩。如北京城建五公司是一个拥有 2300 人

的大型施工企业,在施工盈利极其困难的今天,通过长期有效的项目管理活动,连续多年盈利的项目部在80%以上,每年完成的各项经济技术指标名列集团施工企业前茅,员工收入逐年提高。

2.依托重点及大型工程做强工程项目管理

工程总承包以较科学的方式将融资、设计、施工、运营等阶段组合起来,为深化工程项目管理创造了有利条件。工程项目管理则依据"人、机、料、法、环"基本要素优化配置所需活化和物化资源,以保证实现项目既定的"质量、安全、环保、成本"目标,大小工程项目管理原理亦如此。我们通过以点带面、抓大工程促小工程、抓北京工程促国内和国外工程,以此推进项目管理整体水平的提高。受到全国关心的国家大剧院工程,是新中国成立以来投资最大的文化设施,是国家最高艺术表演中心和首都新时代的标志性建筑,建筑面积25.5万m^2,由法国ADPI公司负责概念设计,北京建筑设计院负责结构机电设计,由我集团负全责与香港建设和上海建工集团组成的工程总承包联合体承担施工任务,在五年建设中我集团与业主、设计、监理四方配合默契,完成全部结构施工、部分装饰设计与施工、全部园林设计与绿化施工,取得了突出的社会和经济效益。这座即将竣工的大剧院主要由歌剧院、音乐厅、戏剧场、公共大厅及配套用房、钢结构半球形钛金属板、外环绕人工湖35500m^2、园林绿化86000m^2组成的现代建筑,与近在咫尺、极具民族特色、宏伟的人民大会堂交相辉映。倍受全球关注的"鸟巢"工程占地面积20.4hm^2、建筑面积25.8万m^2,开闭幕式期间可容纳观众9.1万人,2006年被美国《商业周刊》评为21世纪全球技术和施工难度第一名的"十大"公共建筑工程,其技术和施工难度的核心是钢结构与膜结构。在三年的建设中,我们挖掘自身最大潜能,集各方之智,仅针对钢结构安装、焊接方面就编制优化方案97项、施工现场深化设计绘图2万张,完成焊缝长度达300公里,工程已完成国家和北京市科技攻关立项14项中的13项,在科技部领导下我国自主研发用于"鸟巢"的Q460E高强钢填补了国家空白。目前,这座浇筑混凝土23万m^3、用钢总量达11万t、临时支撑用钢量6000t、消耗焊条1900t的"鸟巢"雄姿已进入装修阶段,2006年10月1日,胡锦涛总书记来到工地考察,给予了高度评价。

三、推进工程项目管理的体会

1.通过深化项目管理,增强了企业活力与实力

我集团成立24年来,在推进工程项目管理工作中主要分为推行"项目法施工"和《北京城建集团施工企业项目管理体系文件》两个阶段,这其中始终在坚持不断创新,在实践中持续改进,工程项目管理方法日趋成熟,取得了一些成绩:一是全体员工适应市场竞争的观念更新快,全员的成本核算与管理意识日益强烈,企业基础管理水平显著提高,集团的活力与实力得到增强;二是企业管理创新能力进步快。我集团1987年在全国建设系统率先推行的"项目法施工",1993年分别获得建设部科技进步一等奖和国家科技进步三等奖。2000年建立强制推行的《北京城建集团施工企业管理体系文件》,该体系课题于2002年分别获得全国工程建设管理先进成果一等奖和全国管理创新成果二等奖,还有多项管理创新活动在实践应用中;三是企业文化不断丰富。以推行CIS即企业形象识别系统来规范员工行为和现场管理,在北京、全国仍至国外工程都达到了统一规范化管理,文明施工满足了安全与环保等多项要求;四是企业核心竞争能力不断提高。在全国技术含量较高的多项工程中得到磨砺,仅2006年,我集团就获得北京市及有关省(市、区)优质工程等相关奖项74个,全国鲁班奖、国家优质工程银奖等相关奖项19个,集团还荣获建设部"'十五'期间科技工作先进单位"和获授权专利23项。

2.推进工程项目管理还需企业和社会各方努力

在内部,由于我们在经营理念、管理水平及决策机制等方面还不能完全适应国际竞争的需要,企业管理水平和人才队伍还不能完全适应工程总承包管理方式和推进工程项目管理发展的需要,投融资能力需要提高。在外部,由于我国对开展探索工程项目管理力理论和实践的时间较短,建设市场还不规范,一些工程投资方存在地区、部门、个人利益的驱使,任意肢解工程;有的工程投资方一味追求最低价中标的同时,还要求承包商大量垫付工程款、出具资金担保作为中标的条件,建设领域工程款"三角债"问题在一定范围内仍然存在。这些都不利于推进工程项目管理,给企业带来了很大经营风险。基于这些因素,希望政府尽快完善相关法规,做好引导,给社会营造一个和谐的建设市场环境。

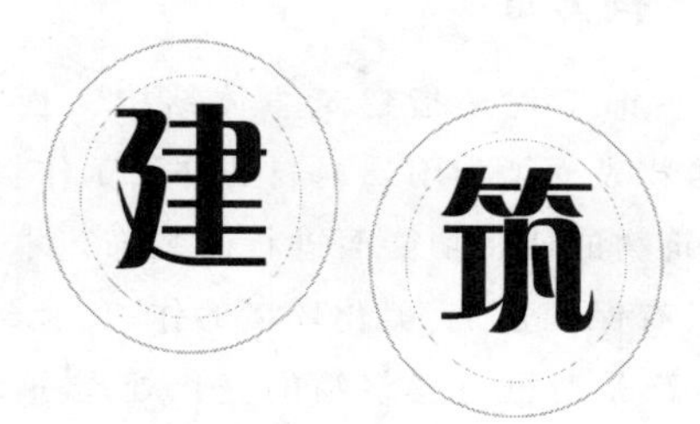

建筑 装饰艺术设计和施工技术的和谐

◆王 雁

(哈尔滨中盛集团，哈尔滨 150000)

摘 要：设计活动作为社会实践活动，往往是艺术与技术相结合的。技术属于物质生产领域，它的主要目的是通过对自然物的改造和利用，发挥其物质效用；而艺术属于精神生产领域，它的主要目的是通过物质媒介发挥对人的精神效用。同样，环境艺术设计也是艺术与技术相结合的产物。它始终与使用联系在一起，并与工程技术密切相关，是功能、艺术与技术的统一体。

关键词：艺术设计；技术；结合统一

随着经济全球化进程的加快，高新技术日新月异，项目管理日趋完善，国际投资商和业主对承包商的要求和期望越来越高，希望承包商具有提供形成建筑产品全过程更为广泛服务功能的实力。实行设计、施工一体化，为推动我国工程总承包进程奠定了基础。

由于工程总承包最大的特点是实行设计、施工一体化，把资源最佳配置结合在工程项目上，减少管理链和管理环节，集中优秀的、专业的管理人才，采用先进的项目管理方法，真正体现风险与效益、责任与权利、过程与结果的统一，从而带动和促进企业的高端管理，形成企业的核心竞争力和品牌战略。工程总承包有利于承包商优化设计方案，对于缩短工期、保证质量、控制投资、节约资源发挥了重要作用。近年来，强强联合，优势互补，建立长期的战略合作伙伴关系，并广泛利用社会资源，成为建筑业开展工程总承包的一大特点。工程总承包创建了“高品质管理，低成本竞争”的市场占领品牌形象，打造和提高了企业核心竞争力。

建筑装饰是在主体结构上进行一系列的包装、美化的过程，主要的目的在于保护建筑物主体结构，完善建筑物使用性能。人们用装饰装修材料和饰物，对建筑物的内外表面及空间进行各种处理，提高建筑物的舒适性。不同的建筑物，由于其形成的使用空间不同，因而造成不同的功能环境。所以必须先有成熟的装饰艺术理念，结合建筑美学知识进行设计、选材、施工来体现这一主题。包豪斯就是个既艺术又强调工艺技术的学校。在魏玛时期，学校设有陶瓷、印刷、编织、家具、室内设计,校内实行双轨制,既每门课都由两位教师共同任教,一位是艺术造型教师,一位是工艺教师。学校1919年建立,到1923年举办首届展览,展出的作品不但艺术效果好,而且表现出鲜明高超的技术。适合工业化批量生产,其中一部分作品风靡国际市场,至今仍被视为经典之作。现在有很多设计师进入社会后,与工程师好象隔着一堵墙,二者沟通起来比较困难,造成可实施性差或达不到理想的效果,从而降低了设计的层次。

一、方案的确定

装饰设计的物质功能附加值仍然具有重要的现实意义。主要表现在装饰设计的价值工程上,它寻求的是功能与成本之间最佳的对应配比,以尽可能小的代价取得尽可能大的经济效益和社会效益。可以说价值工程是一种设计方法。也是一种技术措施,在装饰设计目标要求、市场要求、材料的要求、结构及其要素的合理选用与商品生命周期间的配合,要形成最佳配比和系统优化的组合,以免造成资源的浪费,增加国家无效投入。设计师必须具备对经济的敏感性及综合的知识素养,来进行装饰设计的价值分析,在艺术设计上新颖,技术上可行,功能上合理,从而受到业主和消费者的欢迎。根据经验及我国目前的情况看,影响项目投资的最关键阶段是装饰工程的设计阶段,虽然此阶段的费用支出只占整个项目费用的1%~2%,但它对项目的影响超过5%~7%。要有效地控制造价,就要坚决地把控制的重点转到建设的前期设计阶段上来,设计与技术相结合,造价工程师要参与设计的全过程,就是要照设计任务书批准的投资估算额进行初步设计,克服设计人员只重视设计技术的合理性,不管是否超出项目投资,概预算人员也是根据编制原则进行投资控制,不懂工程知识,不清楚装饰工程进展中各种关系的。某建筑装饰公司原计划改造大楼标准层结构厚度为12cm,造价工程师编制过程中考虑投资因素,和设计人员研究,设计人员认识偏于保守,将楼层结构改为10cm,结果大大降低了工程造价,所以要加强设计与技术人员的双向交流。

二、结构方面

建筑装饰工程是指建筑主体结构工程完工后,在建筑物表面增加附属材料的饰面工作,是为了满足建筑物的使用功能而进行的装饰艺术处理和加工,具有保护建筑、美化环境的作用。对受力的审查,装饰是对已有建筑物的美化处理,追求艺术效果,造型奇特所形成的氛围,而忘记了技术和施工方面的可实施性,应多采用材料和施工技术成熟的工艺,首先要核算建筑装饰引起的荷载是否在主体结构的受力荷载允许范围之内;其二要考虑装饰层与结构层的受力连接部位是否可靠,这是保证装饰层的稳定的首要条件;其三装饰层本身的结构的承载能力是否可靠,装饰层受力核算可以避免局部出现变形而影响美观。装饰工程从项目施工到项目施工验收,是一项复杂而系统的工程,它涉及到建筑学、声学、光学、美学、人体工程学、材料学等学科的理论和实践知识。建筑装饰工程不仅需要创造优美的造型及富有文化底蕴,在功能和技术上还必须处理好隔声、吸声、人工照明、空气调节、智能监控、防火报警、消防自动喷淋系统、电脑网络等技术问题。

三、价值工程对方案的经济性作用

价值工程是指重于功能分析,力求用最低的寿命周期总成本,生产出在功能上能充分满足用户要求、形式上满足美学要求的工程项目,从而获得最大的经济效益的有组织的活动。一般来说,提高产品价值的途径有五种:一是提高美学功能、使用功能,降低成本;二是美学功能、使用功能不变,降低成本;三是成本不变,提高美学功能、使用功能;四是美学功能、使用功能略有下降,但带来成本大幅度降低;五是成本略有上升,但带来美学功能、使用功能大幅度提高。

价值工程作为一门运用管理技术,在设计过程中的运用实际上是发现矛盾、分析矛盾和解决矛盾的过程。具体地说,就是应用价值工程,分析功能与成本的关系,以提高设计项目的价值系数。在设计中要勇于创新,探索新工艺、新技术的可能性，有效的提高设计技术的价值。通过优化设计来控制项目成本是一个综合性的问题，不能片面强调节约成本，要正确处理技术与经济的对立统一是控制成本的关键环节。设计中既要反对片面强调节约，忽视技术上的合理要求，使项目达不到功能的倾向；又要反对重技术、轻经济，设计保守、浪费的现象。设计人员要用价值工程的原理来进行设计方案分析，要以提高价值为目标，以功能分析为核心，以经济效益为出发点，从而真正达到优化设计效果。

四、设计师和工程师的融合

设计师与工程师的融合常常表现为技术与审美的交叉，设计师在日常设计活动中要主动的调整自己的知识结构，以相应的知识的深度和广度来创造可行性设计课题。技术问题应由工程师来解决，但也不能把技术片面的理解为是工程师，因为技术是实现设计目的的前提，二者是互为条件的。技术的含义是广泛的，有与造型直接关系的结构、力学、材料、安装等方面的技术，设计师必需掌握到能和工程师在相同的水准上讨论、判断和评价问题的深度，具体的说，设计师应具有在构思过程中能规定所需技术的基本指标，可能性以及通过与工程师讨论能够理解并自行调整设计的能力。设计师在进行造型设计时，就必然要赋予一定结构设想。其结构又自然要涉及到加工工艺问题，工艺的难易又直接影响到成本的高低、装饰效果的好坏等。因此，设计师对相关的技术知识的掌握必须具备一定的深度，不能简单的认为懂得原理就足矣。在确定了装饰艺术设计方案时，必须出具完整的施工图，并对施工图做严格的审查。

1.要审查装饰设计是否符合建设规划、消防、环保、节能等有关规定。

2.装饰设计是否对建筑群的结构安全和使用功能有影响，特别是涉及主体和承重结构有改动或有增加局部荷载时，必须由原设计单位核查结构的安全性。

3.装饰施工图中所选用的材料是否符合装饰艺术设计的理念。

4.选用的材料的质量、品种是否符合国家标准的规定。

5.施工工艺是否满足质量标准的要求。

五、装饰案例

以青海电力公司为例加以说明。该建筑物群房是一个跨度为24m钢筋混凝土框架结构，一层(层高9.45m)是一个多功能厅和一个以蓝球场为主的活动场；二层(层高7.0m)以大小会议室、文艺活动为主。基于以上的使用功能要求，在装饰招标阶段，确立了一层活泼、明快，二层淡雅、活泼兼有的装饰理念。一层活动大厅共有5个参选方案。其中A)方案在原混凝土框架结构附加一个钢架层，属于装饰；B)方案用4个巨大的椭圆反光体配以黑色网状吊顶，给人以压抑感；C)、D)方案没有什么理念，缺乏新意；E)方案把高度的灯具与装饰性钢架结合起来，黑色钢架结构线条分格白色吸声板，加上交点上灯具，起到了点缀的作用。墙面为灰色深度不同的铝塑板饰面，地面是蓝色塑胶地板和棕黄色实木地板，整体空间效果"明快、活泼"，体现了该场所的装饰理念，该方案中选。二层多功能厅，其使用功能为以会议为主兼作文艺演出、舞厅活动等，装饰共有7个方案。A、B、C、D方案仅考虑了会议方面的因素，平顶造型，格调庄严肃穆，只是局部造型略有差别；EF方案以舞台为中心，斜顶处理，主色调为白色，满足淡雅之装饰理念，但缺乏活泼的成分；G方案，顶采用弧形，整体成波浪状，为银白色铝塑板顶棚；顶中央为弧形状钢栅舞池光源布置区，墙面用水平缝分割条装饰铝塑板饰面；门为棕红色实木门，配红木雕饰；舞台两侧镂空木雕和音箱呈竖向布置。整体色调搭配淡雅、明快，把"淡雅、活泼兼有"的装饰理念结合起来，此方案中选。

因此，环境艺术不是纯欣赏意义上的艺术，而是一门具有实用功能与审美功能结合统一、在艺术和技术方面紧密相连的学科。也就表现在和建筑材料、概预算、结构、装修构造以及建筑施工技术、价值工程结合起来，这是环境艺术赖以实施的必要条件。离开了工程技术就没有完整的、真正的环境艺术设计。

住宅工程创优施工技术指南

【内容简介】 本书是在总结中建一局集团多年打造优质住宅工程实践经验的基础上，编写的一本创优质工程施工技术指南。本书内容包括建筑结构、建筑装饰装修、建筑屋面、建筑给水排水及采暖工程、通风空调工程、建筑电气六部分，书中穿插了大量图、表、照片，以图文并茂的方式全面而详细地阐述了住宅工程创优施工的技术要点和控制措施，对住宅工程创优施工具有技术指导作用。

【读者对象】 本书可作为建筑工程施工技术人员及操作人员的技术参考工具书，也可作为施工技术人员及操作人员的培训教材。

【目　　录】 1　建筑结构；2　建筑装饰装修；3　建筑屋面；4　建筑给水排水及采暖工程；5　通风空调工程；6　建筑电气

建筑施工工程资料管理系统

【内容简介】 本软件为配合《建筑工程施工质量验收统一标准》(GB 50300-2001)及对应的13册专业验收规范的执行而开发，实现了建筑资料表格的编制、打印和管理功能。使资料员、技术员更加统一、规范地管理资料，极大提高了工作效率和信息化水平。界面简洁，操作方便，根据使用习惯可随意调整外观、文字变换、图形导入。图表编辑功能强大，适用各种操作系统，数据备份简捷、安全。打印预览，所见即所得，多种输出方式：PDF格式、套打、直接打印，方便准确，保证输出准确无误。帮助向导：灵活快捷地使用各种工具，其中包括各种具体规范标准的填写说明及完整的规范条文，方便在使用当中随时检索、查阅相关内容。

【读者对象】 本光盘适用于建筑施工单位技术员、资料员；建筑施工监理单位，甲方单位技术管理人员及资料员。

混凝土异形柱结构技术规程理解与应用

【内容简介】 为配合《混凝土异形柱结构技术规程》的颁布推广，便于结构设计、审图、施工、监理人员深入了解规程，由《规程》编制组编写本书。书中对《规程》的条文规定进行全面、系统的说明和解释，突出异形柱结构的特点，最后还介绍了异形柱结构配筋软件并给出工程实例计算。内容全面，文字简练。

【读者对象】 本书适用于建筑结构设计、施工技术人员。

【目　　录】 第一章 规程编制工作；第二章 术语、符号；第三章 结构设计的基本规定；第四章 结构计算分析；第五章 异形柱正截面承载力计算；第六章 异形柱斜截面受剪承载力计算；第七章 异形柱框架节点核心区受剪承载力计算；第八章 结构构造与施工；第九章 底部抽柱带转换层的异形柱结构；第十章 异形柱结构配筋软件CRSC和计算工程实例。

建筑工程施工质量统一标准

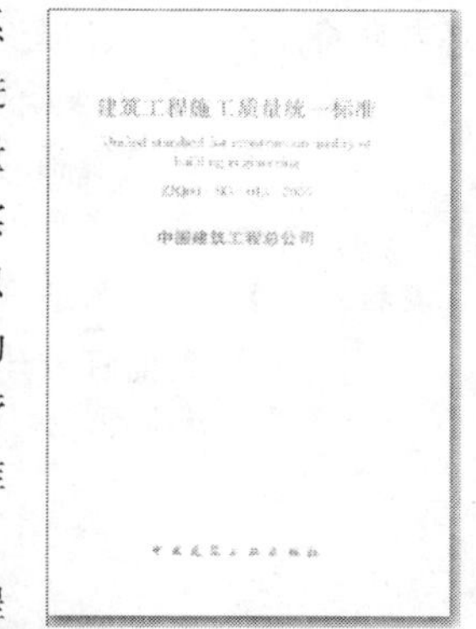

【内容简介】 现行国家建筑工程施工质量验收规范是一个技术标准体系，但该体系对工程质量的验收只规定了合格等级，对工程质量的实际水平缺少进一步的评价尺度和评价方法，无法区分“合格”工程中实际存在的质量差异。虽然现行规范较原规范的标准有所提高，但现在的合格标准实际上仍然只是工程施工质量的最低标准。作为施工企业，不能仅仅以国家的最低标准要求自己，而必须以企业施工质量控制标准对工程的实际施工质量水平作出评价，从而促使企业的施工质量、技术水平、管理水平在更高标准的要求下，得到不断的提高和发展。同时，国家标准只确定“合格”“不合格”的作法也为企业制定更高标准提供了空间。本标准以国家现行建筑工程施工质量验收规范体系为基础，融入工程质量的分级评定，在统一中建总公司系统施工企业建筑工程施工质量的内部验收方法、质量标准、质量等级评定及检查评定程序的前提下，为创工程质量的“过程精品”奠定基础。本标准规定了建筑工程各专业工程施工质量标准编制的统一准则和单位工程质量内部控制的标准、内容、方法和程序；对建筑工程施工现场质量管理和质量控制等提出了高于国家标准的要求。本标准规定的检验批质量检验抽样方案的要求、建筑工程施工质量验收中的子单位工程和子分部工程的划分、涉及建筑工程安全和主要使用功能的见证取样及抽样检测等均应执行国家现行有关标准、规范的规定。

【读者对象】 本书适用于建筑施工企业项目经理、项目技术负责人等。

【目　　录】 1　总则；2　术语；3　基本规定；4　建筑工程质量评定对象的划分；5　建筑工程质量评定对象等级；6　建筑工程质量评定程序及组织。附录A　施工现场质量管理检查记录；附录B　建筑工程分部(子分部)工程、分项工程划分；附录C　室外工程划分；附录D　检验批质量验收、评定记录；附录E　分项工程质量验收、评定记录；附录F　分部(子分部)工程质量验收、评定记录；附录G　单位(子单位)工程质量验收、评定记录；附录H　单位(子单位)工程观感质量验收、评定记录。本标准用词说明。

土建工程造价答疑解惑与经验技巧

【内容简介】 本书是为造价人员拓宽知识面，增强解决实际造价问题的能力，了解工程造价最前沿热点、难点问题所编。本书详尽地解答了工程造价实践领域的常见疑难问题、提供了许多解决实际问题的经验技巧。读者通过学习一个个疑难解答与经验技巧，能快速提高解决实际工作问题的能力。

【读者对象】 本书可供建设单位、施工单位、造价咨询单位、行业管理部门、审计部门造价从业人员、工程管理人员工作参考。

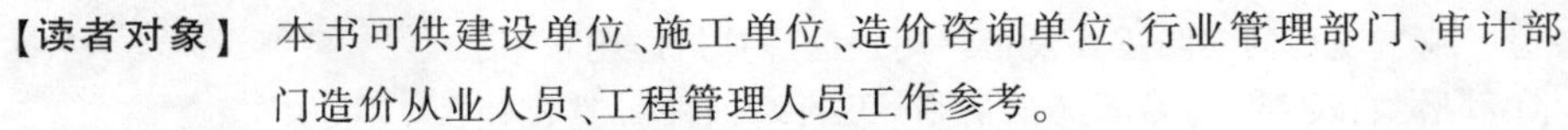

【目　　录】 第一章　工程量计算与钢筋工程量计算；第二章　定额计价与清单计价；第三章　成本测算与控制；第四章　工程签证与索赔；第五章　竣工结算与对账；第六章　工程审计(价)与工程造价司法鉴定。

公共建筑施工组织设计范例 10 篇

【内容简介】 本光盘提供给广大读者10篇完整的施工组织设计350万字的电子文档、近千幅节点图，便于大家顺利引用。说明书中简要说明了施工组织设计编制的作用及内容、目前编制要点以及公共建筑工程编制要点，并对光盘内容给予了必要的说明。

【读者对象】 本光盘适合从事房屋建筑工程的施工人员、技术人员和管理人员，建设监理和建设单位管理人员实际运用，更适合学校相关专业师生用于教学。

建筑施工安全资料及评分系统

【内容简介】 为有效配合建设部颁布的《建筑施工安全检查标准》(JGJ 59-99)的实施，规范施工现场安全管理，并督促施工管理的信息化，本套软件为用户提供安全资料编制工具以及计算机检查评分系统，为施工现场安全管理提供了一个可行的、规范的管理模式，本系统方便直观，使用户可以经常进行自检自查，并且快捷方便的编制出安全资料。本系统还提供了安全资料的参考范例，安全标志标语，现行的安全法规标准，安全操作规程。使用本系统不仅可以极大地提高施工现场安全管理的效率，而且还能有效地提高施工现场的管理水平。

【读者对象】 建筑施工单位，安全管理部门建筑施工监理单位的技术员、资料员。

用途：施工现场安全保证体系的建设。

【目　　录】 检查评分系统、安全资料、安全技术交底、安全责任制、安全规范、安全工程学、安全标志标语。

市政工程施工质量技术资料编制系统

【内容简介】 适用于北京市及全国其他省市市政基础设施工程的资料的编制，管理。本软件主要为配合建设部《市政基础设施工程施工技术文件管理规定》及北京市《市政基础设施工程资料管理规程》(DBJ 01-71-2003)的执行而开发，实现了市政资料表格的填写、打印及管理功能。技术员、资料员使用本软件，可以规范、统一市政资料的形式，既提高效率，也提高信息水平。本软件包含《市政资料统一用表》的全部表格，用户只需按需填写即可，不需自建表格；专门为工地的技术人员、资料员设计，全面考虑了施工现场的实际需要及最终用户的计算机应用水平，无菜单，Word 风格，自动保存，界面简洁清晰，无须培训即可直接使用；表格编辑高度智能化；打印预览，所见即所得，并提供多种的输出方式，打印时可以设置装订边距，以便用户资料组卷的需要。

【读者对象】 相关专业人员。

实用建筑施工安全手册

【内容简介】 全书分二篇，第一篇为建筑施工安全管理：介绍了建筑施工企业的安全生产责任制及国务院、劳动部、建设系统、广东省、广州市主要安全法规，施工安全计划与安全技术措施编制，安全管理与教育培训，事故的处理与管理；第二篇为建筑施工安全技术：介绍了土方工程、爆破工程、一般工程拆除、桩基工程、砖石砌筑工程、模板工程、钢筋工程、现浇混凝土工程、预应力混凝土工程、预制钢筋混凝土构件安装工程、金属加工工程、焊接工程、木作工程、门窗工程、屋面工程、防水工程、防腐蚀工程、脚手架工程、钢井架物料提升机、建筑施工电梯、装饰工程、烟囱工程、高处作业、临时用电、通用机械等25项分部分项工程施工与建筑施工机械的安全技术与措施。

【读者对象】 本书可供建筑施工企业的领导、施工项目负责人、工程技术人员、安全管理人员参考使用，也可作为企业职工安全技术培训和大专院校土建专业师生的学习教材。

【目　　录】

十大流行建材

塑钢窗：今年窗户流行的使用材料仍是以塑钢与铝合金窗为主，不过对材料的隔间保温性能要求更高。

木纹砖和石塑防滑地砖：以木纹为设计基调的瓷砖产品将是各家大厂最主要的强力产品。它不仅具有装饰性，还具有很好的防滑性能。

涂料：在众多墙壁饰材中，涂料仍唱主角。其价格较其他种类低，施工方便，而且具有多变色彩。

复合地板：复合地板因其耐磨，拼装简单，而且易与木质家具搭配，一直以来是家庭选用地面材料的热点。目前市场上推出的实木复合地板，脚感柔和，不易变形，备受欢迎。

整体橱柜：整体橱柜可以说是这几年许多家庭进行“厨房革命”的一个重点。针对不同户型厨房设计的整体橱柜，不仅可以使每一件用具按部就班地排放，还可以设计台面，操作顺手。

嵌入式炉具：新型的嵌入式炉具可嵌在橱柜的台面上，与橱柜融为一体，更易于操作，易于清理。

淋浴房：淋浴房使家庭有了独立的“家庭浴室”，淋浴房的色彩装点了浴室环境，而其中加入的蒸汽、按摩等功能则使“家庭浴室”的功能更完善。

连体坐便器：新型连体坐便器在设计时着重考虑节水要求，并在冲洗时加放静音设计，是顺应环保要求的卫生用具，而且其小巧的外形也受到了很多家庭的喜爱。

推拉式壁柜门：推拉式壁柜门的最大特点是可以按照居室结构“量体裁衣”。壁柜门在外形和尺寸的设计上具有很大的随意性，可按自己的需要订做。

综合信息

中国城市轨道交通发展的现状和趋势

中国城市轨道交通已有40多年的历史。目前，正面临一个迅速发展的新时期。截止2006年底全国已有10个城市拥有地铁和轻轨线路，这10个城市是北京、上海、天津、广州、长春、大连、武汉、深圳、重庆和南京，运营总里程达到了530多公里。其中，除北京1、2号线两条地铁40多公里以外，其余都是二十世纪90年代以后建设的。

上述10个城市中，建成地铁线路超过100公里的有3个城市。(1)北京已通车总长114公里，四条线路，全年运量超过6.8亿人次，占全市公交客运总量13%；(2)上海，已通车总长145公里，五条线路，全年运量超过6.5亿人次，占上海公交总量也在13%左右；(3)广州，运行总长116公里，已通车四条线路，运量大约3亿人次。

尽管中国城市轨道交通的发展不算慢。但随着城市化、机动化的进程加快，私家车迅猛增长。(北京上周，全市机动车已超过300万辆)。城市交通拥堵问题仍然突出。上述三大城市中。每年新建线路都将在40~50公里以上。

已列入"十一·五"规划。拟发展地铁的城市将增至15~16个城市。(包括苏州，杭州等。人口在2百万以上的特大城市)。"十一·五"规划中规划增长线路总长为1700公里左右。如果，按百万人口以上城市都需要有地铁，那么，具有轨道交通的城市应将是34个。

面对一个已经到来的地铁发展的"春天"，我们也面临着一些问题和挑战。当前已注意到：

(1)必须做好规划和前期准备工作，地铁规划要和综合交通规划、城市规划和土地开发规划结合起来。力求从线网总体规划开始就和整个交通规划、城市规划、城市设计综合决定，充分发挥工程效益。经过多年努力，北京等三大城市的线网规划都已经和城市总体规划同时审定。最近，北京拟建的四条新线有几十个站点。每一站点的设计都结合周围的城市设计同时并进。

(2)选用合适的制式。城市轨道交通技术，经过130多年的发展，已逐步从单一传统的粘着牵引的轮轨系统(传统轮轨地铁和轻轨)发展为直线电机，非粘着牵引轮轨系统，磁悬浮系统，胶轮运载系统等多种制式的轨道交通系统。传统的系统可能比较可靠易行，新的系统往往具有新的功能和经济合理性，事实上是各有优势和特点，应该结合当地情况，适当地选用。

非粘着直线电机轨道交通系统，利用轮轨支撑和导向，采用直线电机牵引，是一种动力强劲，环保节能，运转灵活的新型轨道交通技术，具有广阔的发展前景。直线电机系统在广州4号线已建成运行两年多。看来它造价低、能耗低、爬坡能力强、转弯半径小、噪音振动小、维护简单。特别适合大城市中空间密集的需要。还有，它易于在高架、地表运行，还有启动快、制动能力强等优点。北京有一条机场线，即将在明年建成。

中低速磁悬浮系统，更具有无声、无振等特点，在北京、上海都有建设试验线的考虑。

还有一些大、中城市，在运行量较小的条件下，建设经过改进的新型有轨电车也有相当需求。大连市旧有的有轨电车系统3条线24公里已基本改造完毕，经济实用，受到市民欢迎。

在比选轨道交通制式时，安全可靠、实用经济、节能环保是决定性要求，无论新技术的运用，或传统技术的改进都将在这三条原则前提下获得发展的空间。

建设部日前发出关于印发《市政工程投资估算指标》的通知(建标[2007]163号)和关于印发《市政工程投资估算编制办法》的通知(建标[2007]164号)

为合理确定和控制市政工程投资，满足市政建设项目编制项目建议书和可行性研究报告投资估算的需要，我部制定了《市政工程投资估算指标》(《第一册　道路工程》、《第三册　给水工程》、《第七册　燃气工程》、《第八册　集中供热热力网工程》)，编号分别为HGZ47－101－2007、HGZ47－103－2007、

HGZ47-107-2007、HGZ47-108-2007。自2007年12月1日起施行。建设部1996年发布的《全国市政工程投资估算指标》同时废止。

为加强市政工程项目投资估算工作，提高估算编制质量，合理确定市政建设项目投资，我部制定了《市政工程投资估算编制办法》，现印发给你们。自2007年12月1日起施行。建设部1996年发布的《市政工程可行性研究投资估算编制办法》同时废止。

中央政府明确今年投资方向重大基础设施建设主角地位不变

中央政府近日已明确今年投资的六大主要投向：改善农村生产生活条件方面，促进社会经济协调发展方面，节能环保与生态建设方面，重大基础设施建设方面，涉及群众生命财产安全和切身利益方面，自主创新等产业升级结构调整方面。

国家发展和改革委员会固定资产投资司近日发布的报告说，今年中央政府投资将按照落实"五个统筹"和构建社会主义和谐社会的要求，进一步调整优化结构，加大对直接改善农村生产生活条件、基础教育和公共卫生等社会事业发展、西部大开发的投入。报告说，要充分发挥中央政府投资促进协调发展、加强薄弱环节、改善资源环境条件等作用，加快解决城乡之间、地区之间、经济与社会发展之间"一条腿长、一条腿短"的历史问题。

我国首批建造师即将产生

全国60万人取得建造师执业资格，首批1216人通过一级建造师评审

6年辛苦，终结硕果。我国工程建设领域重大改革——实施注册建造师制度取得突破性进展。7月6日，首批符合一级建造师初始注册条件的1216人名单正式在中国建造师网上网公示，标志着我国第一批建造师即将产生。目前，我国已有60万人取得了建造师执业资格。这对于提高我国工程建设专业人员素质，建立专业人员责任制度，提高工程建设水平，具有历史性意义。

这是一项规模巨大的系统工程。在建造师执业资格制度建立过程中，全国共有1000个单位的1000多名专家学者参与了此项制度的研究和相关工作。目前全国取得建造师资格的人员达60万人，其中一级建造师执业资格的人员为23万人，取得二级建造师资格的人员为37万人。

北京：建筑业要零死亡，住宅与配套设施需同步交付

在22日召开的北京市建设工程质量安全大会上，北京市建委主任隋振江表示，今后新建住宅交付使用时，配套设施必须同步交付使用。而建筑企业在建设过程中，要实行零死亡机制，遏制安全事故，否则将从重处罚。

"未完成配套设施就交房"将被遏制

很多业主在收房时都会遇到这样的情形：小区内一片狼藉，道路没完工、健身器材尚未安装……有的甚至未开通燃气、水电。这种"未完成配套设施就交房"的行为今后将得到遏制。

22日，北京市建委主任隋振江表示，《北京市住宅小区市政基础设施和公共服务设施同步交付使用管理办法》已由相关部门编制完成，将于近期公布。该办法规定，新建住宅工程的供水、供电、供热、燃气以及小区道路等市政公用基础设施要与住宅同步交付使用，并切实保证住宅的各项使用功能。

住宅100%实行分户验收

隋振江同时称，今年北京市住宅工程实现了100%分户验收。这意味着所有今年收房的业主在拿到房屋质量保证书的同时，还将拿到一份"住宅工程质量分户验收记录表"。这张"验收表"由建设、施工、监理几个单位负责人签字确认，并加盖验收专用章。

据了解，分户验收包括今年竣工验收的所有

住宅工程，其中也涵盖购买的期房。即使合同里没有写明要分户验收，交房时业主也有权索取“验收表”。

发生死亡事故“严禁说情”

今年，奥运工程已进入设备安装、装饰装修阶段，轨道交通建设也进入了重要阶段。为了强化安全责任，市建委表示，要加强对重点工程(奥运、地铁等)、重点地区(事故较多、上升幅度较大的区县)和重点环节(易发生高处坠落、物体打击和脚手架坍塌事故的环节)的监管力度，严控各项风险源。

北京市副市长陈刚表示，各建筑企业要实行零死亡机制，要让各个企业“死不起人”。一旦发生死亡事故，要进行重罚，让这个项目赚不到钱。“不管企业规模有多大，不管什么人来说情，都没有用。”陈刚说，只有重罚、罚到严重伤害其经济利益时，有些企业才会重视。

此外，今年北京将建立“施工现场群众安全监督员制度”和“农民工夜校”，请来一些官员或专家，给农民工上安全课。

坦桑尼亚：基础设施工程规模较大

坦桑尼亚是世界最不发达国家之一，其工程承包市场规模不大，主要集中在房建、路桥、供水、电信等领域，年发包额约2.5亿美元。但近年来，由于发现丰富的油气资源、黄金、有色金属等矿藏，加之政局稳定、改革和私有化稳步推进，外来投资增加，经济发展呈现良好势头，工程项目机会逐步显现，在矿业、能源等领域也有较大规模的工程。坦桑尼亚基础设施项目可分为单纯坦桑尼亚自筹资金项目和国际金融组织以及国际社会资助的项目，工程规模一般较大，资金付款有保证，易于索赔，但竞争较激烈，要求投标者资金实力雄厚，管理能力强。

我国在坦桑尼亚承揽工程主要集中在灌溉、房建、路桥、供水、打井等领域，占坦桑尼亚相关领域市场份额的三分之一左右。我国承包公司完成的项目工程质量普遍良好，受到坦桑尼亚方面的好评，且价格低，有很强的竞争力。坦桑尼亚愿意加强与中国公司合作，学习中方投标及项目管理经验，引进先进施工设备、材料和技术，带动当地承包公司的发展。

北京基础设施向社会资本敞开

从3月1日起，《北京市城市基础设施特许经营条例》正式实施，水、气、热、污水、垃圾处理等城市基础设施，将逐步把大门向社会资本敞开，公开招标特许经营者，北京市基础设施领域被少数企业垄断的局面将被打破。

民营资本可参与投标

从2006年3月1日起，《北京市城市基础设施特许经营条例》(以下简称《条例》)开始实施。《条例》明确了可以实施特许经营的三类项目，即：供水、供气、供热；污水和固体废物处理；城市轨道交通和其他公共交通。

《条例》明确规定，基础设施特许经营项目确定后，实施机关根据批准的实施方案，将通过招标等公平竞争方式确定特许经营者，并与之签订协议授予特许经营权。

《条例》并没有对特许经营投资者的所有制性质进行限制，也就是说，无论是中资还是外资，无论是国资还是民营资本，都可参与投标。

北京市实施《条例》旨在打破基础设施投资建设和运营的垄断，引入全球范围内的投资主体和专业运营企业，有利于引进先进的技术和管理经验，提高现代化水平。

成本控制是竞标的关键

然而，并不是所有的投资者都可以拿到这些基础设施的经营权。北京市发改委相关领导表示，无论在哪个行业，政府都要设置一定的门槛，如从供应能力、供应渠道、服务质量等方面提出相应的标准，以确保城市基础设施的运转。

相关负责人在信息披露会上介绍说，由于自然垄断的特性，一些基础设施企业的投资回报率要远远高于社会投资回报率。“以后他们没有这样的好日子了，特许经营投资者要向政府定期缴纳特许经营费。”

另据介绍，在引入不同资本竞争后，成本将成为竞标成败与否的重要指标，低成本无疑具有较大的优势。因而，从长远来看，基础设施服务价格将有所下降，老百姓也会从中得到实惠。

《条例》规定，特许经营期限根据行业特点、经营规模、经营方式等因素确定，但最长不得超过30年。

政府将定期检查价格

放开后对政府的监管能力是个很大的挑战，由于城市基础设施关系到老百姓的日常生活，所以放开后其价格仍然按照现行政策实行政府定价或政府指导价。《条例》特别提出，其价格的制定应“遵循补偿成本、合理收益、节约资源和与社会承受力相适应的原则”。而且，“价格主管部门应建立定期审价制度，建立成本资料数据库，对产品或者服务价格进行有效的监管。”

同时，由于城市基础设施特许经营工作刚刚启动，受目前硬件设施等因素的影响，在近一段时间内某些领域可能还不能完全引入竞争。近期，北京市将继续推进京承三期等高速公路项目、房山城关污水处理厂和大兴天堂河污水处理厂项目以及区域能源市场的特许经营工作。

建造师注册信息

建设部建筑市场管理司关于建造师培训工作的声明

据反映，一个自称“中国建造师协会”的组织以参与制定注册建造师考试大纲、编写教学指导书、开展注册建造师考前培训工作单位的名义在全国开展建造师的培训工作。对此，我司郑重声明，我司没有指定任何单位组织开展注册建造师的考前培训工作。据了解，民政部只批准成立“中国建筑业协会建造师分会”（此分会正在组建中），并未批准成立过“中国建造师协会”，该组织也没有参与过制定注册建造师考试大纲、编写考试用书的相关工作，请广大考生保持警惕，避免上当受骗。

建设部建筑市场管理司

二OO七年五月二十八日

关于一级建造师注册申报有关问题的函

（建市监函[2007]22号）

各省、自治区建设厅，直辖市建委，山东、江苏省建管局，国务院有关部门建设司，解放军总后基建营房部，国资委管理的有关企业：

为了做好一级建造师注册申报工作，现将有关事项通知如下：

一、根据建设部《关于委托建设部执业资格注册中心承担建造师考试注册等有关具体工作的通知》（建市函[2005]321号），由建设部执业资格注册中心负责一级建造师注册申报材料的接收、移送、汇总、查重及日常咨询管理等具体工作。

地　　址：北京市海淀区甘家口21号楼二层建造师办公室

邮　　编：100037

联 系 人：陈生辉　程文韬

联系电话：010-68317359、68318963

传　　真：010-68317359

邮箱地址：csh@pqrc.org.cn

申报过程中，有关申报系统的技术支持与咨询服务可登陆中国建造师网，或者咨询建设部信息中心。

联 系 人：彭　跃　高　莉　徐　伟

咨询电话：010-58934285、58933447、58934071

二、建造师注册申报过程中有关政策问题请与建设部建筑市场管理司联系。

联 系 人：缪长江

联系电话：010-58933869

传　　真：010-58933530

三、各省、自治区建设厅，直辖市建委，国务院有关部门建设司，解放军总后基建营房部请于6月1日前将《注册工作联系登记表》有关内容反馈至建设部建筑市场管理司，以便联系。

注册建造师执业工程规模标准(试行)

建设部日前发出"关于印发《注册建造师执业工程规模标准》(试行)的通知"

各省、自治区建设厅，直辖市建委，江苏、山东省建管局，国务院有关部门建设司，新疆生产建设兵团建设局，总后基建营房部，国资委管理的有关企业：

根据《注册建造师管理规定》(建设部令第153号)，我们制定了《注册建造师执业工程规模标准》(试行)，现印发给你们，请遵照执行。

中华人民共和国建设部

二〇〇七年七月四日

浙江省关于建造师注册有关问题的解释

一、关于聘用执业单位的要求。

建设部文件规定：申请人申请注册前，应受聘于一个具有建设工程施工、勘察、设计、监理、招标代理、造价咨询资质中的一个或多个资质的单位，与聘用单位依法签订聘用劳动合同。根据该规定，现有园林绿化企业和新办未取得资质的建筑企业的人员，均不能注册。

我们已向建设部提出建议，希望建设部调整相关政策规定，对注册申请人所在单位的要求适当予以放宽。建设部一旦作出政策调整，我们将立即通知各市建设行政主管部门，并在浙江建设信息港向社会公布。

二、关于工程业绩情况。

建造师申请注册，其工程业绩情况并非是必备的考核条件，但必须要按要求如实填报，包括本人在该项目中担任的岗位。今后这些信息将直接进入建造师诚信档案。

建造师在申请注册前若未承建过工程项目，则"工程业绩情况"栏目不应填写。

三、关于建造师注册单位的确认。

建造师申请注册必须提供与聘用执业单位签订的劳动合同或聘用执业单位出具的劳动、人事、工资关系证明。

根据人事部、建设部《建造师执业资格考试实施办法》，建造师考试由本人提出申请，并由所在单位出具有关考试资格证明及相关材料，即参加建造师考试人员应为该企业的人员。因此，建造师申请注册单位应当与考试报名单位一致；否则应提供原单位的解聘合同或其他相关证明。相关证明是指工作调动证明材料，即原单位劳动合同到期的证明文件，或中止合同协议(退休人员的退休证明或原单位的辞退证明材料)，或生效的劳动仲裁裁决、司法裁判文书。

四、关于建造师注册资格。

建造师执业资格证书是建造师申请注册的基本条件。人事部、建设部《建造师执业资格制度暂行规定》第十一条规定：一级建造师执业资格证书在全国范围内有效；第十五条规定：二级建造师执业资格证书在各省(自治区、直辖市)行政区域内有效。因此，外省考出的一级建造师，其他条件符合要求时可在我省的聘用执业单位申请注册；外省考出的二级建造师不能在我省申请注册。

建设部协调各省建设部门后印发的会议纪要，界定全国通用的证书是指按规定注册所取得的二级建造师注册证书。

五、因故未及时申请注册的人员，均可在8月份增项注册时一并申请注册。

六、同时取得一级建造师资格和其他专业二级建造师资格的人员，其各专业均可申请注册，但必须注册在同一家企业。这类人员可选一个专业在6月份申请首次注册，将其他专业在8月作为增项注册；也可以6月份不申请，而在8月份将所有专业一并申请注册。

七、建造师注册是一项日常性工作，今年6月和8月集中注册完成后，我们将随时受理建造师的注册申请。

浙江省建造师执业资格注册

工作领导小组办公室

二〇〇七年五月三十日

江苏省一级建造师注册有关事项通知

一、申报程序

申请人申请注册前，应当受聘于一个具有建设工程施工或勘察、设计、监理、招标代理、造价咨询资质的企业，与聘用企业依法签订聘用劳动合同。申请人向聘用企业如实提供有关申请材料并对内容真实性负责，聘用企业按照原项目经理资质管理渠道将申报材料通过省辖市建设(建筑)主管部门或省有关厅局业务部门汇总、核对后向我局提出注册申请。

省属企业和中央驻苏企业取得一级建造师资格证书人员由聘用企业通过省建筑行业协会建造师工作委员会汇总、核对后向我局提出注册申请。

二、注册专业

根据人事部办公厅、建设部办公厅《关于建造师资格考试相关科目专业类别调整有关问题的通知》(国人厅发[2006]213号)文件精神，取得一级建造师资格证书的人员，可对应下述专业申请注册：建筑工程、公路工程、铁路工程、民航工程、港口与航道工程、水利水电工程、市政公用工程、通信与广电工程、矿业工程、机电工程。

资格证书所注专业为房屋建筑工程、装饰装修工程的，按建筑工程专业申请注册；资格证书所注专业为矿山工程的按矿业工程专业申请注册；资格证书所注专业为冶炼工程的，可选矿业工程或机电工程之中的一个专业申请注册；资格证书所注专业为电力工程、石油化工工程、机电安装工程的，按机电工程专业申请注册。

三、网上申报

注册申请实行网上和书面相结合的申报方式。申请人登录“中国建造师网一级建造师注册管理系统”(网址：www.coc.gov.cn)下载“个人初始注册本地版”软件进行填报，聘用企业通过建设部企业资质身份认证锁登录该系统并按照系统的有关说明进行申报，网上申报成功后通过系统打印《一级建造师初始注册申请表》(附件1)、《省级建设主管部门一级建造师初始注册初审意见表》(附件2)。

为进一步推进电子政务建设，提高工作效率，逐步推行无纸化申报，申请人所在聘用企业应同时在“江苏省建造师（项目经理）信用管理系统”(网址：www.jscpm.net)内按照系统的有关说明填报申请人的相关信息，并将申请人的身份证、学历或学位证书、资格证书内注明签发日期的页面、申请人和聘用企业签定的聘用劳动合同的首尾两页扫描上网，上报后通过系统打印《一级建造师初始注册申请表(江苏省)》(附件3)。聘用企业通过省级系统所提供的申请人相关信息必须与建设部系统内的数据保持一致。

四、申报材料

申请人应当提交下列材料：

(一)《一级建造师初始注册申请表(江苏省)》(通过“江苏省建造师[项目经理]信用管理系统"打印)；

(二)《一级建造师初始注册申请表》(通过“中国建造师网一级建造师注册管理系统”打印)；

(三)《省级建设主管部门一级建造师初始注册初审意见表》(通过“中国建造师网一级建造师注册管理系统”打印)；

(四)资格证书、学历证书和身份证明复印件；

(五)申请人与聘用企业签订的聘用劳动合同复印件或申请人所在企业出具的劳动、人事、工资关系证明；

(六)逾期申请初始注册的，应当提供达到继续教育要求证明材料复印件。

其中(一)、(二)、(三)部分(以下简称“相关申报表”)不需要合订，(四)、(五)、(六)部分(以下简称“材料附件”)合订，申请人的申报材料由相关申报表和材料附件组成。

聘用企业通过省辖市建设(建筑)主管部门、省有关厅局业务部门、省建筑行业协会建造师工作委员会汇总、核对后将《企业一级建造师初始注册申请汇总表》(附件4)和申请人的申报材料报我局。其中，申请建筑、市政、矿业、机电专业注册的，应当提交相关申报表一式一份和材料附件一式一份；申请铁路、公路、港口与航道、水利水电、通信与广电、民航专业注册的，应当提交相关申报表一式二份和材料附件一式二份；申请铁路、公路、港口与航道、水利水电、通信与广电、民航专业增项注册的，每增加一个专业应当增加相关申报表一式一份和材料附件一式一份。

五、汇总和核对

省辖市建设(建筑)主管部门、省有关厅局业务部门、省建筑行业协会建造师工作委员会应认真做好以下工作：

（一）核对申请人提供的资格证书、学历证书、身份证明、继续教育证明和聘用劳动合同复印件与原件是否一致，并加盖我局统一印发的“复印件与原件核对无误”章；

（二）核对申请人的实际情况与“江苏省建造师（项目经理）信用管理系统”内所填报的信息和扫描件是否一致；

（三）通过查看条形码的方式核对“相关申报表”是否通过系统打印；

（四）通过“江苏省建造师（项目经理）信用管理系统”按批次汇总上报，并打印系统内自动生成的本地区、本部门的当前批次汇总表连同申请人的申报材料及时报送我局。

六、有关事项

（一）在外省、市取得一级建造师资格证书的人员须携带身份证、学历或学位证书、资格证书、申请人和聘用企业签定的聘用劳动合同原件到我局施工企业管理处录入“江苏省建造师（项目经理）信用管理系统”所需的相关信息后，由聘用企业提出注册申请。

（二）一级建造师注册后，申请人在领取注册证书和执业印章时，应通过省辖市建设（建筑）主管部门、省有关厅局业务部门或省建筑行业协会建造师工作委员会向我局交回原建筑业企业一、二级项目经理资质证书。三级项目经理资质证书由上述部门负责收回、销毁，并报我局备案。

（三）建设部企业资质身份认证锁可通过我局施工企业管理处向建设部统一认购。

勘察、设计、监理、招标代理、造价咨询资质类企业登录“江苏省建造师（项目经理）信用管理系统”的用户名和密码通过省辖市建设（建筑）主管部门或省有关厅局业务部门向我局施工企业管理处申请领取。

辽宁开展一级建造师注册工作的通知

一、注册申报程序

1.取得一级建造师资格证书的申请人向聘用企业（具有建设工程施工或勘察、设计、监理、招标代理、造价咨询资质企业）如实提供有关申请材料并对内容的真实性负责，聘用单位审核同意后，向企业工商注册所在地市建设行政主管部门提出注册申请。

2.注册申请实行网上和书面相结合的申报方式。申请人、聘用单位应在辽宁执业信息网（网址http://www.zczx.lnjst.gov.cn）上进行填报，并在网上申报成功后自动生成打印所需申请表。

3.各市建设行政主管部门对本地企业一级建造师初始注册申报材料进行初审并在复印件上验印后，将申报材料和初审汇总材料报省建筑业协会，省建筑业协会对其上报材料验收登记后送交省建设厅执业资格注册中心进行审核并提出审核意见，经省建设厅审查后报建设部审批，符合条件的，由建设部核发《中华人民共和国一级建造师注册证书》，并核定执业印章编号。

二、注册申报材料

1.初始注册

申请人自资格证书签发之日起3年内可申请初始注册。

申请初始注册者应向当地市建设行政主管部门提交下列材料：

（1）注册建造师初始注册申请表。

（2）资格证书、学历证书和身份证原件及复印件。

（3）申请人与聘用单位签订的聘用劳动合同原件及复印件或申请人所在单位出具的劳动、人事、工资关系证明。

（4）聘用单位资质证书原件及复印件。

（5）逾期申请者须提供达到相应专业继续教育要求的证明材料原件及复印件。

初审部门上报初始注册材料包括：

（1）各市建设行政主管部门的上报函（以正式文件上报）；

（2）《一级建造师初始注册初审汇总表（企业）》（见附件1）、《一级建造师初始注册初审汇总表（专业）》（见附件2）各一份。

2.延续注册、增项注册、变更注册、注销注册、重新注册，申请人应当按《一级建造师注册实施办法》的要求提供申报材料，通过聘用企业按上述申报程序报初审部门。

3.申请建筑、市政、矿业、机电专业的申请表一式两份,附件材料一式一份。申请公路、铁路、民航、港口与航道、水利水电、通信与广电专业的应提交申报材料一式三份,附件材料一式两份。申请铁路、公路、港口与航道、水利水电、通信与广电、民航、市政专业增项注册的,每增加一个专业增加申请表一式一份和附件材料一式一份。纸张统一规格为A4纸。

三、注册相关问题及要求

1.一级建造师注册专业类别为:建筑工程、矿山工程、机电工程、铁路工程、公路工程、港口与航道工程、水利水电工程、通信与广电工程、民航工程、市政公用工程。

申请注册人员的资格证书所注专业为房屋建筑工程、装饰装修工程的,按建筑工程专业申请注册;资格证书所注专业为矿山工程的按矿业工程专业申请注册;资格证书所注专业为冶炼工程的,可选择矿业工程或机电工程之中的一个专业注册;资格证书所注专业为电力工程、石油化工工程、机电安装工程的,按机电工程专业注册。材料报送按《一级建造师注册申请材料报送目录》(见附件3)要求办理。

2.各申请人的申请表必须是在辽宁执业信息网上申报成功后,通过网上打印的申请表,否则不予受理。

3.省建设厅负责全省建造师注册的管理工作。建设厅执业资格注册中心受省厅委托,并在其指导下负责全省建造师的具体注册工作。省建筑业协会要认真配合厅执业资格注册中心做好注册申报材料的收件、验收登记等工作。各市建设行政主管部门要按照本通知要求,认真组织本地企业进行一级建造师注册工作,制定具体工作计划,采取有效措施按程序做好申报、初审等环节工作。

四川省建设厅关于做好全省建造师注册工作的通知

全省一级建造师初始注册工作从2007年7月1日起开始进行,二级建造师初始注册工作从2007年9月1日起开始进行。

一、注册对象

通过考核认定或考试合格取得一级或二级中华人民共和国建造师执业资格证书(以下简称资格证书),符合注册申报条件的施工单位项目负责人以及从事相关活动的专业技术人员。

取得建造师资格证书的人员应当在取得资格证书签发之日起3年内申请注册。未经注册的,不得担任大中型建设工程项目的施工单位项目负责人,不得以注册建造师的名义从事相关活动。

二、注册要求

(一)申请人在申请注册前,应当受聘于一个具有建设工程施工或勘察、设计、监理、招标代理、造价咨询资质的企业,并与聘用企业依法签订聘用劳动合同。

(二)注册申请实行网上和书面相结合的申报方式。申请一级建造师注册应在“中国建造师网”(网址:www.coc.gov.cn)上进行申报,申请二级建造师注册应在“四川省建设厅网”(网址:www.scjst.gov.cn)进行申报。网上申报成功后,打印出带条形码的初始注册申请表。

(三)申请建造师注册应当提交下列材料:

1.《一级建造师初始注册申请表》(附表1-1)或《二级建造师初始注册申请表》(附表2-1);

2.申请人资格证书、学历证书和身份证明复印件;

3.申请人与聘用企业签订的聘用劳动合同复印件或申请人所在企业出具的劳动、人事、工资关系证明;

4.申请人业绩证明材料(项目经理任命文件和反映工程规模的合同页面)。

注册申报材料由《一级建造师初始注册申请表》或《二级建造师初始注册申请表》和附件材料(由上述2、3、4部分合订)组成。

(四)申报审核程序

1.市(州)、县所属企业。聘用企业将《一级建造师初始注册申请汇总表》(附表1-2)或《二级建造师初始注册申请汇总表》(附表2-2)和申请人的申请表、附件材料报企业所在市、州建设行政主管部门。其中申请建筑、市政、矿业、机电专业注册的,应当提交申请表一式三份和附件材料一式两份;申请铁路、公路、港口与航道、水利水电、通信与广电、民航专业注册的,应当提交申请表一式四份和附件材料一式三份;申请铁路、公路、港口与航道、水利水电、通信与广电、民航专业增项注册的,每增加一个专业应当增加申请表一式一份和附件材料一式一份。

2.各市、州建设行政主管部门对申请人的申报材料进行初审,认真核对资格证书、学历证书、身份证明、聘用合同和业绩证明材料原件与复印件是否一致,按规定填写初审意见。将《一级建造师初始注册初审意见表》(附表1-3)或《二级建造师初始注册初审意见表》(附表2-3)、《一级建造师初始注册初审汇总表(企业申请人)》(附表1-4)或《二级建造师初始注册初审汇总表(企业申请人)》(附表2-4)、《一级建造师初始注册初审汇总表 (专业)》(附表1-5)或《二级建造师初始注册初审汇总表 (专业)》(附表2-5)和申请人的申请表、附件材料报省建设厅建造师执业资格注册工作领导小组办公室。

3.省建设厅直批企业。聘用企业将《一级建造师初始注册申请汇总表》(附表1-2)或《二级建造师初始注册申请汇总表》(附表2-2) 和申请人的申请表、附件材料以及附件材料的原件直接报省建设厅建造师执业资格注册工作领导小组办公室。其中申请建筑、市政、矿业、机电专业注册的,应当提交申请表一式两份和附件材料一式一份;申请铁路、公路、港口与航道、水利水电、通信与广电、民航专业注册的,应当提交申请表一式三份和附件材料一式二份;申请铁路、公路、港口与航道、水利水电、通信与广电、民航专业增项注册的,每增加一个专业应当增加申请表一式一份和附件材料一式一份。

(五)取得一级或二级建造师资格证书的人员,可对应下述专业申请注册:建筑工程、公路工程、铁路工程、民航工程、港口与航道工程、水利水电工程、市政公用工程、通信与广电工程、矿业工程、机电工程。

资格证书所注专业为房屋建筑工程、装饰装修工程的,按建筑工程专业申请注册;资格证书所注专业为矿山工程的按矿山工程专业申请注册;资格证书所注专业为冶炼工程的,可选矿业工程或机电工程之中的一个专业申请注册;资格证书所注专业为电力工程、石油化工工程、机电安装工程的,按机电工程专业申请注册。

(六)申请人考核认定申报单位或考试申请单位与注册单位不一致的,申请人需提供《建造师变更注册单位申请表》(附表3) 和与原聘用企业解除聘用合同或聘用合同到期的证明文件、退休人员的退休证明。

(七)申请人所在聘用企业名称发生变更的,应当提供变更后的《企业法人营业执照》复印件和企业所在地工商行政主管部门出具的企业名称变更函复印件。

(八)申请人同时拥有建造师、监理工程师等两个及以上工程系列资格证书的,其多个执业证书只能注册在同一个具有施工或勘察、设计、监理、招标代理、造价咨询资质的企业。

(九)建造师注册后,在领取注册证书、执业印章和执业信息卡时,应当同时向所在地市(州)建设行政主管部门上交原建筑施工企业项目经理资质证书,其中一级项目经理资质证书由市(州)建设行政主管部门上交省建设厅销毁。

(十)注册证书、执业印章、执业信息卡是注册建造师的执业凭证,由注册建造师本人保留、使用。注册证书、执业印章和执业信息卡有效期为3年。

三、注册组织

(一)全省建造师注册工作,由省建设厅组织实施。省建设厅成立四川省建造师执业资格注册工作领导小组,负责全省建造师执业资格注册工作,领导小组下设办公室,办公室设在省建设厅综合楼7楼(地址:成都市人民南路四段36号)。省交通、水利、信息产业部门负责公路、水利水电、通信与广电一级建造师注册初审和二级建造师注册审核工作。

(二)符合注册条件的人员,按照本通知第二条规定的注册要求,将书面注册材料统一上报省建造师执业资格注册工作领导小组办公室。

(三)省注册领导小组办公室对建造师注册申请进行初审,提出拟定注册人员名单,报省建造师执业资格注册工作领导小组。省注册领导小组对已初审的一级和二级建造师执业资格注册的人员进行复审,确定拟定注册人员名单。对申请一级建造师注册的,由省注册领导小组办公室将拟定注册人员名单的初审意见和申报材料报建设部审定;对申请二级建造师注册的,省注册领导小组办公室将审核意见结果汇总后向社会公示10天,公示无异议的,准予注册。